本书受中南财经政法大学出版基金资助

中南财经政法大学
青年学术文库

新型无线网络的安全策略
——WiMAX网络安全

Security Strategy for New-style Wireless Network
——WiMAX Security

杨 璠 ◎著

中国出版集团公司
世界图书出版公司
广州·上海·西安·北京

图书在版编目（CIP）数据

新型无线网络的安全策略：WiMAX 网络安全 / 杨璠著 . —广州：世界图书出版广东有限公司，2025.1重印
ISBN 978-7-5192-2313-7

Ⅰ.①新… Ⅱ.①杨… Ⅲ.①宽带接入网—安全技术
Ⅳ.① TN915.6

中国版本图书馆 CIP 数据核字（2017）第 001933 号

书　　名	新型无线网络的安全策略——WiMAX 网络安全 XINXING WUXIAN WANGLUO DE ANQUAN CELUE WiMAX WANGLUO ANQUAN
著　者	杨　璠
策划编辑	孔令钢
责任编辑	冯彦庄
装帧设计	黑眼圈工作室
出版发行	世界图书出版广东有限公司
地　　址	广州市新港西路大江冲 25 号
邮　　编	510300
电　　话	020-84460408
网　　址	http:// www.gdst.com.cn
邮　　箱	wpc_gdst@163.com
经　　销	新华书店
印　　刷	悦读天下（山东）印务有限公司
开　　本	710mm×1000mm　1/16
印　　张	14.75
字　　数	255 千
版　　次	2016 年 12 月第 1 版　2025 年 1 月第 3 次印刷
国际书号	ISBN　978-7-5192-2313-7
定　　价	78.00 元

版权所有，翻版必究

（如有印装错误，请与出版社联系）

《中南财经政法大学青年学术文库》
编辑委员会

主　任：杨灿明
副主任：吴汉东　姚　莉
委　员：（排名按姓氏笔画）
　　　　朱延福　朱新蓉　向书坚　刘可风　刘后振　张志宏
　　　　张新国　陈立华　陈景良　金大卫　庞凤喜　胡开忠
　　　　胡贤鑫　徐双敏　阎　伟　葛翔宇　董邦俊
主　编：姚　莉

前　　言

计算机网络自从 1969 年于美国诞生，经过一系列的演变和发展，渗透到人类生活的每一个毛孔，成为人类生活不可缺少的组成部分。计算机网络发展之迅猛，网络技术的不断推陈出新，无论是从网民的增长速度还是网络覆盖的范围，无不展示着计算机网络强有力的生命力，并在人类面前多方位刷着存在感。

如果说网络的出现是由于二战后美苏对峙而进行的军事竞赛所需，那么现在人类对网络的迫切需求则是立足于现代生活。为了适应人类的需求，提供更灵活、更广范围覆盖、更高通信质量的服务，计算机网络朝着无线、移动、自组织方向发展。并逐步涌现出一批新型的网络，如能够实现完全自组织，且网络拓扑结构非常灵活的 Ad hoc 网络和 Ad hoc 类似的无线传感器网络 wireless Sensor Network，以及通过分层既拥有控制节点又有自组织特性的 Mesh 网络等。作为更高传输速率、更大覆盖范围、号称最后一公里的无线技术标准，WiMAX 网络既可以部署在传统的点到多点的无线网络结构上，也可以支持 Mesh 网络结构。

无线网络的应用扩展了网络用户的自由，然而，这种自由同时也带来了安全性问题。与传统有线网络不同，无线环境下的安全威胁更加复杂、多变，安全防御的困难更为突出。由于无线网络发展较晚，新近使用的许多技术还不够成熟，技术缺陷和安全漏洞在所难免。

在网络通信中，身份认证及密钥协商是网络系统安全的基础。IEEE 802.16 系列标准的密钥管理协议 PKM（Privacy Key Management）也主要分为身份认证和密钥协商两个部分，其发展也体现了安全性的演变：从最初单向认证，不能抵抗重放攻击、中间人攻击的 PKMv1 到 IEEE 802.16e 中可实现双向认证并引入了 EAP（Extensible Authentication Protocol）认证协议的 PKMv2，再到最新的 IEEE 802.16M 的 PKMv3。

为了弥补 IEEE 802.16 系列标准认证机制中存在的缺陷和不足，美国电气电子工程师协会 IEEE 不断地做出改进。在 PKMv2 中通过 EAP 和 RSA 的组合，PKMv2 定义了 5 种认证模式。多种认证模式结合 EAP 的灵活性，使得 PKMv2 的认证机制具有良好的扩充性，但同时也带来了认证流程的多样化和复杂化。在 PKMv3 中对 PKMv2 做了一些改进，如通过添加消息验证码增加了管理消息完整性与一致性验证，同时保留并仅支持 EAP 认证方法。

但无论是 PKMv2 还是 PKMv3 都没有完整地定义如何进行认证模式下的 EAP 方法选取，因此从设备商的角度看，认证机制可以自行设计和优化，这无疑又将带来设备难以兼容的弊端。因此从商业化进程需求看，认证机制的进一步标准化迫在眉睫。

同时，除 IEEE 802.16 系列标准一直支持的 PMP 网络模式外，IEEE 802.16d 增加和开启了对 Mesh 网络模式的支持。Mesh 模式的引入有效地提高了网络的健壮性和网络通信的有效性及灵活性。然而，遗憾的是，IEEE 802.16 的系列标准中并未就 Mesh 模式下的新节点认证与密钥交换进行详细的定义。

为了解决该无线通信标准中存在的一些问题，本书从认证机制、密钥交换机制的设计、改进、优化角度出发，重点研究 WiMax 网络在初始化入网时，PMP 网络结构下单播初始化认证、重认证机制和密钥交换机制。在此基础上，还探讨了基于 Mesh 模式下的新节点入网认证和密钥交换流程的安全性，结合 IEEE 802.16 标准的相关定义设计了一套完整的基于 EAP 的入网认证方法和密钥交换策略。

研究的意义在于为 IEEE 802.16 标准的密钥管理协议的设计与实际应用提出可供参考的解决方案。由于作者的水平有限，写作中难免出现错误和纰漏，恳请广大读者们批评指正，感谢！

目　录

第一部分　背景知识

第1章　绪　论 ·· 003

1.1　WiMAX 概述 ·· 003

1.2　认证与认证协议 ··· 012

1.3　IEEE 802.16 系列协议安全机制的研究状态 ················ 016

1.4　本章总结 ··· 022

第二部分　基于 IEEE 802.16 standard 的 PMP 模式安全机制分析

第2章　PKMv2 认证机制及问题概述 ························· 025

2.1　IEEE 802.16e 安全子层的框架结构和 PKM 定义 ········· 025

2.2　PKMv1 认证协议缺陷及攻击方法 ·························· 026

2.3　PKMv1 & PKMv2 安全关联比较 ···························· 034

2.4　PKMv2 认证模式 ·· 034

2.5　PKMv2 密钥层次 ·· 037

2.6　PKMv2 SA TEK 3-Way 握手与 PKMv1 TEK 交换的比较分析 ········ 038

2.7　PKMv2 认证协议问题 …………………………………………… 045

2.8　本章小结 …………………………………………………………… 046

第 3 章　PKMv2 EAP 认证方法需求分析与选取 ……………… 047

3.1　EAP 方法概论 ……………………………………………………… 047

3.2　IEEE 802.16e 对 EAP 使用方法的需求 ………………………… 049

3.3　现有的 EAP 方法 …………………………………………………… 054

3.4　基于 16e 需求的 EAP 方法比对和选取 ………………………… 058

3.5　本章小结 …………………………………………………………… 063

第 4 章　PKMv2 单一 EAP 及双 EAP 认证模式设计与改进 ……… 064

4.1　EAP-based 认证模式：基于改进的 SPEKEY 的 EAP-TTLS 方法 …… 064

4.2　EAP-Authenticated EAP 模式：改进的 AKAY 方法 + 改进的 SPEKEY …… 085

4.3　本章小结 …………………………………………………………… 112

第 5 章　PKMv2 单一 RSA 模式及 RSA、EAP 混合模式认证协议选取与设计 …………………………………………………… 114

5.1　IEEE 802.16e PKMv2 RSA 的消息类型 ………………………… 114

5.2　初始化接入单一 RSA 双向认证比对分析 ……………………… 116

5.3　RSA–Authenticated EAP 模式：RSA+ 改进的 EAP-SPEKEY 方法 …… 123

5.4　RSA+EAP_Based 认证模式：RSA+ 改进的 EAP-AKAY 方法 …… 131

5.5　本章小结 …………………………………………………………… 135

第 6 章　PKMv2 5 种认证模式下的重认证机制设计与优化 ……… 137

6.1　关键因素 …………………………………………………………… 138

6.2　一般性流程 ………………………………………………………… 140

6.3　5 种模式重认证设计 ……………………………………………… 142

6.4　基于认证计数器的 RSA+Authenticated EAP 模式的重认证流程设计 …… 144

6.5　基于 EAP-AKAY 方法的双 EAP 模式快速重认证优化设计 …… 155

6.6 本章小结 …… 174

第三部分　扩展部分

第7章　IEEE 802.16 Standard Mesh 网络安全机制分析 …… 177
7.1 Mesh 网络的特性 …… 177
7.2 Mesh 模式下的节点入网和同步过程 …… 179
7.3 WiMAX Mesh 网络入网认证和密钥交换过程及安全分析 …… 184
7.4 本章小结 …… 200

第8章　总结和展望 …… 201
8.1 全书总结 …… 201
8.2 未来研究的展望 …… 204

附录 A　简略字表 …… 206

参考文献 …… 208

图目次

图 1-1　PMP 网络结构 ………………………………………………………… 007
图 1-2　Mesh 模式网络结构 …………………………………………………… 009
图 1-3　MMR 模式网络拓扑结构 ……………………………………………… 010
图 1-4　IEEE 802.16 协议框架 ………………………………………………… 010
图 1-5　单向函数的认证协议 …………………………………………………… 012
图 1-6　单钥体制下的认证过程 ………………………………………………… 013
图 1-7　双钥体制下的认证过程 ………………………………………………… 014
图 1-8　中间人攻击 ……………………………………………………………… 016
图 2-1　802.16e 安全子层 ……………………………………………………… 026
图 2-2　PKMv1 RSA 认证流程 ………………………………………………… 026
图 2-3　PKMv2 RSA 认证消息格式 …………………………………………… 027
图 2-4　PKMv1 TEK 交换消息 ………………………………………………… 027
图 2-5　PKMv1 TEK 交换流程 ………………………………………………… 028
图 2-6　PKMv1 伪冒 BS 攻击方法 …………………………………………… 033
图 2-7　PKMv2 密钥层次 ……………………………………………………… 037
图 2-8　IEEE 802.16e PKMv2 AK 生成办法 ………………………………… 038
图 2-9　PKMv2 SA TEK 3-Way 握手消息 …………………………………… 040
图 2-10　文献 [58] 简化的 PKMv2 SA TEK-3Way 握手 …………………… 042
图 2-11　客户端 SS 计算开销比对 …………………………………………… 044
图 2-12　BS 端计算开销比对 ………………………………………………… 044

图 3-1　EAP 过程简图 …… 049

图 3-2　EAP-TLS 认证流程 …… 055

图 3-3　EAP-PEAP 简要流程图 …… 056

图 3-4　EAP-SIM 简要流程图 …… 058

图 3-5　用户认证 EAP 方法安全值比对 …… 059

图 3-6　设备认证方法安全值比对 …… 060

图 4-1　TTLS 的实体协议栈 …… 065

图 4-2　AVP 封装格式 …… 066

图 4-3　TTLS EAP 包的多层封装方式 …… 066

图 4-4　EAP-TTLS 的伪冒者（中间人）攻击 …… 068

图 4-5　针对文献 [108] 的伪冒者攻击 …… 073

图 4-6　本书提出的改进 EAP-SPEKE 方法 …… 074

图 4-7　改进 TTLS-SPEKE 方法下的伪冒者攻击 …… 076

图 4-8　改进 SPEKEY 与原有 SPEKE 的性能比对 …… 077

图 4-9　EAP-TTLS-SPEKEY 方法的 TLS 握手 …… 078

图 4-10　第二阶段 EAP-SPEKEY 方法 …… 080

图 4-11　AK 来源于 PMK（基于单一 EAP 授权） …… 081

图 4-12　EAP-TLS-MD5、EAP-TTLS-SPEKE、EAP-TTLS-SPEKEY 的认证消息比较 …… 083

图 4-13　识别伪冒者攻击消息轮回数比较 …… 084

图 4-14　客户端（服务器端）三种方法的计算开销比对 …… 085

图 4-15　IEEE 802.16e EAP-EAP 模式 …… 087

图 4-16　EAP-AKA 常用参数生成结构图 …… 089

图 4-17　EAP-EAP 模式 EAP-AKA 方法 …… 090

图 4-18　EAP-AKA 中间人攻击 …… 092

图 4-19　已有 EAP-AKA 改进的主密钥更新机制 …… 094

图 4-20　文献 [115] 改进前后客户端计算开销比对 …… 097

图 4-21　文献 [115] 改进前后服务器端计算开销比对 …… 097

图 4-22　EAP-AKAY 改进的密钥更新机制 …… 098

图 4-23　EAP-AKAY 和文献 [115] 客户端计算开销比对 …… 102

图 4-24	EAP_AKAY 和改进前 EAP_AKA 客户端计算开销比对	103
图 4-25	EAP-AKAY 和改进前 EAP-AKA 服务器端计算开销比对	103
图 4-26	EAP-AKAY 和文献 [115] 服务器端计算开销比对	103
图 4-27	EAP-Authenticated EAP 的第一轮 EAP-AKAY 方法	105
图 4-28	EAP-EAP 中的 EAP-SPEKE 方法	107
图 4-29	源于 EIK 的 CMAC/HMAC	108
图 4-30	源于 PMK 和 PMK2 的 AK（双 EAP 认证）	108
图 4-31	总消息和认证交互消息数比对	110
图 4-32	识别伪冒攻击消息回数比对	110
图 4-33	两种认证模式设计方法的客户端计算开销比对	111
图 4-34	两种认证模式设计方法的服务器端计算开销比对	112
图 5-1	双向 RSA 认证流程	116
图 5-2	AK 仅来源于 PAK（基于 RSA 的授权密钥层次）	117
图 5-3	PKMv1/PKMv2 RSA 对应消息	118
图 5-4	PKMv1 伪冒 BS 攻击	120
图 5-5	PKMv2 中间人侦听	120
图 5-6	PKMv1&PKMv2 消息与交互轮回数比对	121
图 5-7	PKMv1&PKMv2 客户端计算开销比对	122
图 5-8	PKMv1&PKMv2 服务器端计算开销比对	122
图 5-9	RSA+Authenticated eap 中 RSA 认证流程	124
图 5-10	本书提出的改进 EAP-SPEKEY 方法认证流程	125
图 5-11	RSA+Authenticated EAP 模式下产生 AK 的密钥层次	126
图 5-12	EAP-AKAY+EAP-SPEKEY、RSA+EAP-SPEKEY 消息和交互轮回数比对	129
图 5-13	EAP-AKAY+EAP-SPEKEY、RSA+EAP-SPEKEY 发现伪冒者回数比对	129
图 5-14	EAP-AKAY 和 PKMv2 RSA 客户端计算开销比对	130
图 5-15	EAP-AKAY 和 PKMv2 RSA 服务器端计算开销比对	130
图 5-16	仅使用 RSA 认证的 PKMv2 AK 产生层次	134
图 5-17	仅使用 EAP Based 方法认证的 PKMv2 AK 产生层次	135

图目次

图 6-1　PKMv2 重认证的一般性流程 ················· 141
图 6-2　双向 RSA 重认证流程 ····················· 142
图 6-3　单一 EAP_Based 重认证流程 ················· 143
图 6-4　PAK 缓存 ···························· 146
图 6-5　PMK 缓存 ···························· 146
图 6-6　基于认证计数器的重认证流程 ················· 147
图 6-7　基于认证计数器的双向 RSA 重认证流程 (1) ········· 148
图 6-8　基于认证计数器的双向 RSA 重认证流程 (2) ········· 149
图 6-9　基于认证计数器的双向 EAP 重认证流程 (1) ········· 150
图 6-10　基于认证计数器的双向 EAP 重认证流程 (2) ········ 151
图 6-11　理想状态下基于计数器机制的认证交替 ············ 153
图 6-12　理想状态下的计数器机制与全认证机制 ············ 153
图 6-13　理想状态下的非计数器单一重认证 ·············· 154
图 6-14　理想状态下的计数器/非计数器单一重认证比对 ······· 154
图 6-15　采用改进 EAP-AKAY 方法的快速重认证流程 ········ 158
图 6-16　时间 T 内的 FA 和 FSA 认证 ················· 160
图 6-17　总认证次数 E（n）变化曲线组 1 ··············· 164
图 6-18　总认证次数 E（n）变化曲线组 2 ··············· 164
图 6-19　总认证次数 E（n）变化曲线组 3 ··············· 165
图 6-20　总认证次数 E（n）变化曲线组 4 ··············· 166
图 6-21　总认证消耗 C（n）随 AV 向量个数 K 变化曲线图 ····· 167
图 6-22　总认证消耗 C（n）随 AV 向量个数 K 变化曲线图 ····· 168
图 6-23　总认证消耗 C（n）随 AV 向量个数 K 变化曲线图 ····· 169
图 6-24　自适应机制和固定 K 值机制性能比较图 ············ 171
图 6-25　网络环境震荡时的 K 值选择 ················· 172
图 6-26　网络环境震荡时认证消耗比对 ················ 173
图 7-1　PMP 结构下新节点入网认证 ·················· 184
图 7-2　Mesh 模式下新节点入网认证 ················· 185
图 7-3　EAP-TTLS-SPEKE 方法的握手阶段 ············· 186
图 7-4　EAP-TTLS-SPEKEY 方法隧道阶段 ············· 189

图 7-5　EAP-Authenticated EAP 的第一轮 EAP-AKAY 方法 …………………… 190
图 7-6　第二轮 EAP-AKAY 方法 ………………………………………………… 191
图 7-7　Mesh 模式下 PKMv1 TEK 交换流程 …………………………………… 193
图 7-8　Mesh 模式下 PKMv2 TEK 交换流程 …………………………………… 194
图 7-9　Mesh 模式下 PKMv3 TEK 交换流程 …………………………………… 196
图 7-10　Mesh 模式下相邻节点 TEK 交换流程 ………………………………… 197
图 7-11　Mesh 模式下改进后的相邻节点 TEK 交换流程 ……………………… 198

表目次

表号	标题	页码
表 1-1	IEEE 802.16 的系列标准	005
表 1-2	IEEE 802.16 主要标准特性	006
表 2-1	PKMv1 允许的加密套件	030
表 2-2	授权策略域字段含义	035
表 2-3	MS 在 SBC-REQ 和 PKMv2 SA-TEK-Request 中授权组合含义	036
表 2-4	SBC-RSP 取值组合含义	036
表 2-5	PKMv2 SA TEK Challenge 消息	038
表 2-6	PKMv2 SA TEK Request 消息	039
表 2-7	PKMv2 SA TEK Response 消息	039
表 2-8	客户端 SS 计算开销比对	043
表 2-9	BS 端计算开销比对	043
表 3-1	EAP Code 数据包格式	048
表 3-2	EAP Code 定义	048
表 3-3	EAP 数据包类型	048
表 3-4	EAP 认证方法的取值组合	050
表 3-5	PKMv2 EAP_Start 消息	052
表 3-6	PKMv2 EAP Transfer 消息	053
表 3-7	PKMv2 Authenticated EAP Transfer 消息	053
表 3-8	PKMv2 EAP Complete 消息	053
表 3-9	PKMv2 Authenticated EAP_Start 消息	054

表 3-10	EAP 方法比对	059
表 4-1	EAP-TTLS 常用方法缺陷	070
表 4-2	SPEKE 方法中的数学符号	070
表 4-3	客户端计算开销比对	084
表 4-4	服务器端计算开销比对	084
表 4-5	EAP-AKA 方法中的数学符号	088
表 4-6	改进前后客户端计算内容	096
表 4-7	改进前后服务器端计算内容	096
表 4-8	改进前后客户端计算开销比对	096
表 4-9	改进前后服务器端计算开销比对	096
表 4-10	客户端计算内容比对	101
表 4-11	服务器端计算内容比对	101
表 4-12	客户端计算开销比对	102
表 4-13	服务器端计算开销比对	102
表 4-14	客户端计算开销比对	111
表 4-15	服务器端计算开销比对	111
表 5-1	PKMv2 RSA Request 消息	114
表 5-2	PKMv2 EAP Reply 消息	115
表 5-3	PKMv2 RSA-Reject 消息	115
表 5-4	PKMv2 RSA-Acknowledge 消息	115
表 5-5	客户端计算开销比对	121
表 5-6	服务器端计算开销比对	121
表 5-7	客户端计算开销比对	129
表 5-8	服务器端计算开销比对	130
表 5-9	各种认证方法比对	132
表 6-1	PMK 生存周期	139
表 6-2	理想状态参数设计	152
表 7-1	Key Request 消息	193
表 7-2	PKMv3 Key_Agreement-MSG#1 消息	195
表 7-3	PKMv3 Key_Agreement-MSG#2 消息	195
表 7-4	PKMv3 Key_Agreement-MSG#3 消息	195

第一部分 背景知识

背景知识 第一部分

第 1 章 绪 论

1.1 WiMAX 概述

1.1.1 WiMAX 的产生

WiMAX（Worldwide Interoperability for Microwave Access），即全球微波互联接入。WiMAX 论坛是 2001 年由业界成立，旨在在 IEEE 802.16 系列无线城域网标准技术下，推进产业发展和产品标准化。该论坛全称为全球微波接入互操作（WiMAX）论坛[1]。WiMAX 论坛实质上是一个非赢利性工业贸易联盟，通过该论坛可以加快基于 IEEE 802.16 标准的无线网络的部署并实现不同制造商的产品间的互操作和兼容性。由于 WiMAX 论坛影响巨大，人们常用 WiMAX 作为 IEEE 802.16 系列标准技术的代称。事实上 WiMAX 作为一项新兴的宽带无线接入技术，能提供面向互联网的高速连接，数据传输距离最远可达 50km，因此又被称为宽带无线接入城域网（Broadband Wireless Access Metropolitan Area Network, BWAMAN）技术。

IEEE 802.16 工作组[2]自 1999 年开始成立，制订并发布了 802.16 系列标准中的宽带无线接入空中接口标准，其主要内容包括 WMAN 的物理层和媒体访问控制（Medium Access Control, MAC）层规范。IEEE 802.16 技术最初被称为"最后一英里宽带无线接入技术"，其目的主要用于向不容易布网的偏远地区提供网络的接入服务，以代替建设成本高的电缆（Cable）、数字用户线（xDSL）、光纤等。随着该项技术的发展，IEEE 802.16 标准转变该技术的焦点到一个更加类似蜂窝无线通信系统的移动的架构上。如今 WiMAX 已经成为一个能够适应市场需求提供增强的用户移动性的多功能技术。目前 WiMAX 能够提供 QoS 保障，并具有高传输速率、业务服务丰富多样等优点。WiMAX 的技术采用了代表未来通信技术发展方向的 OFDM/OFDMA、AAS、MIMO 等先进技术，并逐步实现宽带业务的移动化。

1.1.2 WiMAX 的系列标准

IEEE 802.16 工作组成立于 1999 年，至今陆续发布了 802.16-2001[3]、802.16a[4]、802.16c[5]、802.16d[6]、802.16e[7]、802.16f[8]、802.16g[9]、802.16h[10]、802.16i、802.16j[11]、802.16k[12]、802.16m[13]、802.16n[14] 和 802.16p[15] 等系列标准。

于 2001 年 12 月，IEEE 802.16 工作组首次发布 IEEE 802.16-2001 标准，该规范给出了空中接口物理层和 MAC 层的固定宽带接口规范，由于使用频段为 10—66GHz，该规范仅限于视距范围传输。为了修订 IEEE 802.16-2001 标准中存在的问题，IEEE 802.16 工作组于 2002 和 2003 年分别发布 802.16a、802.16c 两个补充修正案。这些修正案就互用性、服务质量、数据性能等方面进行了提高。

IEEE 802.16d 标准于 2004 年发布，该标准冻结版本称为 802.16-2004，它详细规范了 2—66GHz 固定宽带无线接入系统的空中接口物理层和 MAC 层，整合前期规范，引入非视距传输，引入正交频分复用（Orthogonal Frequency DivisionMultiplexing, OFDM）技术，在 20MHz 的信道范围内提供 75Mbps 的速率。IEEE802.16d 标准也被称为固定 WiMAX，它是 IEEE 802.16 系列标准中相对比较成熟并且第一个具有实用性的标准版本。

作为 IEEE 80.16-2004 标准的修正案，IEEE 802.16e 对固定无线网络业务方面进行了增强并且使蜂窝式结构成为可能。IEEE 802.16e 标准，又称为移动 WiMAX，于 2005 年 12 月通过，工作频率小于 6GHz，支持固定、游牧、便携环境，并最终支持 120km/h 的移动环境。为了支持移动性，802.16e 在 802.16d 的基础上增加了切换支持、节电的睡眠模式、寻呼以及增强的安全能力等。

在 2009 年 5 月，IEEE 将 802.16-2004、802.16e-2005、802.16-2004/Corl-2005、802.16f-2005 和 802.16g-2007 等标准合并成为最新的 IEEE 802.16-2009[16] 标准。尽管目前很多 WiMAX 网络的产品还是以 IEEE 802.16-2004 或 IEEE 802.16e-2005 为基础的，但 IEEE 802.16-2009 在技术上使得合并的标准及修订案过时。此后，IEEE 于 2009 年 6 月正式发布了 IEEE 802.16j-2009，该标准是在 IEEE 802.16-2009 的基础上进行了扩充，主要是增加了中继（Relay）和多跳（Multihop）功能，从而提高网络吞吐量和增大网络覆盖范围[17,18]。

为达到向 4G 演进的目标，IEEE 于 2008 年成立了 802.16m 工作组并于 2011 年

4月通过了802.16m[19]标准。作为IMT-Advanced[20] 4G候选技术之一，802.16m满足了国际电信联盟（International Telecommunication Union, ITU）提出的IMT-Advanced 4G无线通信系统标准的所有需求[21,22]。2012年ITU正式批准802.16m为4G标准。802.16m整合了已有的802.16标准中OFDMA、MIMO[23]等技术，支持移动性和中继。在802.16m中，MMR技术作为满足标准[24,25]规定的用于扩展网络覆盖范围和提高网络性能的高效方法予以采用。

表1-1给出了目前发布的IEEE 802.16系列标准，表1-2详细比较了IEEE 802.16系列标准中几种主要标准的特性。

表1-1 IEEE 802.16的系列标准

标准	相应技术领域
802.16-2001	10—66GHz固定宽带无线接入系统空中接口标准，仅能用于视距范围，2001年。
802.16a	2—11GHz固定宽带无线接入系统空中接口，具有非视距传输的特点，2003年。
802.16c	10—66GHz固定宽带无线接入系统关于兼容性的增补文件，2003年。
802.16d	2—11GHz固定无线接入系统空中接口标准，相对比较成熟和实用，2004年。
802.16e	2—6GHz固定和移动宽带无线接入系统空中接口标准，2005年。
802.16f	固定宽带无线接入系统空中接口MIB要求，2005年。
802.16g	固定/移动无线接入系统管理平面流程和服务要求，移动性和频谱管理，2007年。
802.16h	在免许可的频带上运作的无线网络系统，2010年。
802.16i	移动宽带无线接入系统空中接口MIB要求，2008年终止。
802.16j	针对802.16e的移动多跳中继组网方式的研究，2009年。
802.16k	针对802.16的桥接进行修改，2007年。
802.16m	成为ITU的IMT-Advanced技术标准，适应于下一代移动通信网络的需要，2011年。
802.16n	旨在提供更高可靠性的网络，对IEEE 802.16-2012的修订，2013年6月。
802.16p	旨在加强机对机的应用（Machine-to-Machine）应用，对IEEE 802.16-2012的修订，2012年10月。
802.16q	对IEEE 802.16-2012的修订，旨在支持多层网络，2015年3月。
802.16r	对IEEE 802.16提供Ethernet以太网作为SCB（Small Cell Backhaul）方式的修订，草案阶段。

表 1-2 IEEE 802.16 主要标准特性

	802.16-2001	802.16a-2003	802.16d	802.16e	802.16j	802.16m
标准情况	2001 年正式发布	2003 年正式发布	2004 年获批	2006 年发布	2009 年发布	2011 年发布
使用频段	10—66GHz	<11GHz	10—66GHz <11GHz	<6GHz	<6GHz	<3.5GHz
信道条件	视距	非视距	视距+非视距	非视距	非视距	非视距
固定/移动性	固定	固定	固定	移动+漫游	移动+漫游	高速移动
网络模式	PMP	PMP+MESH	PMP+MESH	PMP+MESH	PMP+MESH（含多跳中继 RS）	
传输速率	32—134 Mbps（以 28MHz 为载波带宽）	在 20 MHz 信道上提供约 75 Mbps 的速率	在 20MHz 信道上提供约 75 Mbps 的速率	在 5 MHz 的信道上提供约 15 Mbps 的速率		在 20MHz 信道上提供约 300Mbps 速率
额定小区半径	<5km	5—10km	5—15km	几千米	几千米	几千米

1.1.3 WiMAX 的网络结构

1999 年 IEEE 成立 802.16 工作组时，802.16 工作组最初的工作主要是构造一个类似蜂窝网络的点到多点（Point to Multi-Point, PMP）的结构并使其工作在 10—66GHz 频段。在 PMP 结构下，基站（Base Station, BS）作为网络的中心节点，用户站（Subscriber Station, SS）作为网络的边缘节点围绕网络中心节点。每个基站可为多个用户站提供服务，并且用户站间的通信必须通过基站中转。在最初的设计中为减少多径干扰使用较高的频率，因此节点间使用视距（Line of Sight, LOS）方式通信。2003 年 802.16 工作组发布 IEEE 802.16a 标准，其可工作在范围为 2—11GHz 的低频段，支持非视距传输。

在 IEEE 802.16a 标准基础上，IEEE 802.16 工作组于 2004 年增补修订 802.16d 标准，该标准不仅保留了 PMP 组网模式，而且补充了规定了 IEEE 802.16 网络采用 Mesh 模式组网并实现可靠的非视距传输。但在 IEEE 802.16d 规范中，以 Mesh 模式构造的网络只适用于固定宽带网络环境，并且不能兼容 PMP 模式[26,27]。因此 802.16 工作组在 IEEE 802.16d 规范基础上进行补充修订后发布了支持移动性并兼容 PMP 模式的 IEEE 802.16e 标准，并于 2005 年 7 月成立了移动多跳中继（Mobile Multihop Relay, MMR）研究小组和 802.16j 任务组。MMR 研究小组的主要任务是研究利用多跳中继技术支持接入网络的移动站（Mobile Station, MS），即移动终端。在 IEEE802.16e 的基础上，802.16 工作组引入多跳中继技术最终形成一个兼容 PMP 模式的移动规范 IEEE802.16j（该规范内容及概述可参见文献 [28]）。在采用 MMR 技术的网络中，有一类节点被定义为中继站（Relay Station, RS）。中继站可以在用户站（或移动站）和基站之间或者中继站和基站之间中继各种信息[29]。IEEE 802.16j 利用中继站可以构造出一种具有树状拓扑结构的新模式，称为 MMR 模式，用来在用户站（或移动站）和基站间实现高效的多跳中继连接。MMR 模式也可以向后兼容 PMP 模式。

为了达到 4G 的需求，IEEE 802.16 于 2008—2011 年制定了 802.16m 标准，2012 年该标准由 ITU 正式批准为 4G 标准之一。802.16m 在 802.16j 的基础上继续支持移动性和中继 MMR 技术。

从 IEEE 802.16 系列标准的发展来看 IEEE 802.16 网络的拓扑结构主要可划分为点到多点 PMP 模式、Mesh 模式和移动多跳中继 MMR 模式。

1. 点对多点 PMP 模式

PMP 网络拓扑结构是由一个核心基站 BS 与多个用户站 SS 或者移动站（Mobile Station）MS 之间构成的点对多点的通信方式，如图 1-1 所示。与现代蜂窝通信系统很相似。其中基站 BS 作为业务接入点 SAP（Service Access Point），是每个小型星形结构网络的核心，由基站 BS 通过路由器或其他网关设备连接到核心网。基站 BS 负责整个扇区，位于同一个扇区内的所有用户站（SS、MS）只能与基站 BS 进行消息交互、数据传输，统一由这个基站 BS 负责管理，用户站都是通过基站 BS 连接到核心网中。

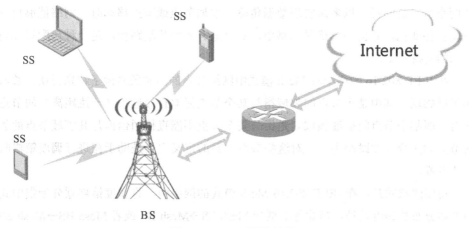

图 1-1　PMP 网络结构

PMP 模式中基站 BS 可以使用全向天线、定向天线和多扇区技术来同时服务大量的用户站 SS，一个基站拥有多个独立的扇区，位于同一个扇区的所有用户站接收相同的信息。在下行方向，基站通过下行链路映射管理消息 DL-MAP 进行指示，分时发送每个用户站的数据，而每个用户站只需根据指示从所有数据中接收发送给自己的一部分。在上行方向，用户站要向基站发送数据前必须先带宽请求，由基站通过上行链路映射管理消息 UL-MAP 按需为每个用户站提供上行传输间隔使用的允许，用户站才可以在允许的间隔向基站发送数据。

通常来说，PMP 结构网络被用作最后一英里的宽带接入，私人企业到远距离办公室的连通，以及对多站点的长距离的无线回程服务。PMP 网络能使用 LOS 或者 NLOS 信号传输。每个 PMP 基站都有 8 000m 的操作范围。但是 PMP 模式接近于传统网络，基站 BS 和用户站 SS 之间存在不对等关系，需明确下行与上行链路。因此在处理数据、计算调度上对 BS 的运算能力、健壮性有较高要求。处于整个网络核心位置的 BS 如果停止服务将造成整个小区瘫痪，而且 PMP 模式需要依赖固定的基础设施，网络不可移动，而 Mesh 模式则很好地解决了以上问题。

2. Mesh 模式

在 Mesh 模式中，IEEE 802.16 网络中存在的节点可以分为两种：Mesh BS 节点和 Mesh SS 节点。Mesh BS 节点可作为业务接入点 SAP 与核心网相连的节点，用于将 Mesh 网络与主干网络相连实现宽带接入。Mesh 网络中除 Mesh BS 类型节点外其他节点都称作 Mesh SS 节点，既可以作为用户发送数据，又可以用于作为一个中继站转发其他节点的数据。Mesh 模式的每个节点都具备路由选择功能（Mesh BS 节点和 Mesh SS 节点），非常类似于 Ad hoc 网络。在 Mesh 模式的 IEEE 802.16 网络中任意两个节点之间都可以多跳实现数据传输。增加节点或节点移动时，网络能够自动发现拓扑变化，并自动调整通信路由，确定最有效的传输路径，是一种自配置和自组织的网络[30]。

在 IEEE 802.16 网络中对 Mesh 模式中网络节点的两种关系做了特别说明：邻域和扩展邻域。其中某个节点的邻域指与某个节点能够直接通信（一跳距离）的节点集合。而某个节点的扩展领域则是指与某个节点不能直接通信但是其邻域节点的邻居节点的集合（二跳距离）。对这些节点关系的定义主要是助于在进行调度策略时一些设置。

需要注意的是，在 IEEE 802.16 Mesh 模式的网络中，将调度策略划分为集中式调度和分布式调度两种。当业务类型为 Mesh SS→Mesh BS 或者 Mesh BS→Mesh SS 时采用集中式调度策略，此时整个网络建立一个以 Mesh BS 为根节点的集中式调度树，在这种调度方式下，网络的拓扑结构更类似于一个以 Mesh BS 为中心的星形网，与 PMP 模式下的网络拓扑结构相似。但不同的是在 Mesh 模式下集中调度树中 Mesh SS 可以通过其他 Mesh SS 进行中继转发发往 Mesh BS 上行链路的或者来自 Mesh BS 下行链路的数据，而 PMP 模式下 SS 与 SS 之间不能直接进行通信，只能与 BS 进行直接通信。而在 IEEE 802.16 Mesh 模式的网络中当 Mesh SS 之间通信时则采用分布式调度，网络拓扑结构是网状结构（此时 Mesh BS 等同于 Mesh SS）。

总的来说 Mesh 模式与 PMP 模式最主要的不同点在于：在 PMP 模式中 BS 控制管理所有数据通信与交互，SS 与 BS 的地位不平等；而在 Mesh 模式分布式调度下，消息的交互与数据的传输由两个一跳的 SS 之间进行控制管理，两个距离大于一跳的 SS 的数据传输需要经过其他 SS 中继转发；即使是在集中式调度模式下，Mesh SS 之间也可以直接进行通信。

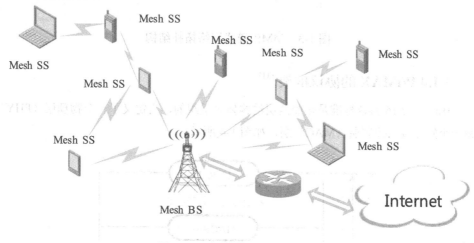

图 1-2　Mesh 模式网络结构

3．MMR 模式

多跳中继拓扑 MMR 模式在 IEEE 802.16j-2009 中被定义以中继站（Relay Station, RS）的方式来扩展基站 BS 的覆盖范围。要传输给超过基站 BS 覆盖范围的 SS/MS 的数据通过相邻的中继站 RS 传播。在基站覆盖范围之外的数据在多个中继站之间路由，从而使得整个网络的地理覆盖范围增大，如图 1-3 所示。多跳中继一般使用 NLOS 信号传输，因为它的目的是扩展包含多个无线电频率障碍的地理区域。但是，就技术上来说，它也能进行 LOS 传输。多跳中继拓扑中的每个节点的最大操作范围大约是 8 000m。

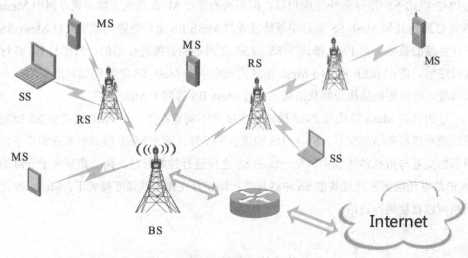

图 1-3　MMR 模式网络拓扑结构

1.1.4 WiMAX 的协议框架 [31]

IEEE 802.16 协议标准是按照两层结构体系组织的,它定义了一个物理层(PHY)和一个媒体接入控制层(MAC)层,如图 1-4 所示。

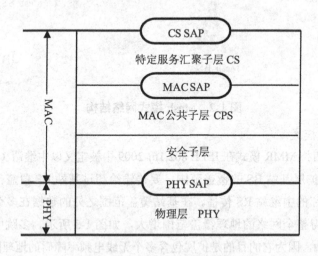

图 1-4　IEEE 802.16 协议框架

其中物理层 PHY 定义了多种物理层工作模式,如单载波接入 SCa、正交频分复用 OFDM、正交频分多址接入 OFDMA 等。每种工作模式都有合适的工作频率范围和支持的上层应用。

在物理层之上是 MAC 层，在该层上 IEEE 802.16 规定的主要是为用户提供服务所需的各种功能。它主要负责将数据组成帧格式来传输和对用户如何接入到共享的无线介质中进行控制。MAC 层主要有三个子层，分别如下。

1. 特定服务汇聚子层（Service-Specific Convergence Sublayer, CS）

CS 层主要功能是将所有从汇聚层服务接入点（CS SAP）接收到的外部网络数据转化/映射成 MAC 业务数据单元 SDU，并通过 MAC 接入点（MAC SAP）发送给 MAC 公共子层。CS 层的功能包括：分类外部网络服务数据单元，将这些数据关联到正确的 MAC 服务流（SFID）及连接（CID）。

2. MAC 公共子层（MAC Common Part Sublayer, CPS）

公共部分子层 CPS 通过 MAC 服务接入点 SAP 从特定服务的汇聚子层接收数据。接收的数据经过分类后将与匹配的 Link ID 标识链接绑定，每个 Link ID 代表的链路可以设置不同的服务质量 QoS 参数。通过设置 QoS，公共部分子层是 WiMAX 提供具有服务质量保证服务的关键。除此之外该层还包含 MAC 层的核心功能，如带宽请求，连接建立，连接维护。

3. 安全子层（Security Sublayer）

安全子层 SS 主要用于认证、交换密钥和加密解密处理的操作，是单独可选的。提供安全子层主要用于阻绝窃听服务，防止对业务数据的未授权访问。该子层主要定义了数据包的加密封装协议和密钥管理协议（Privacy Key Management, PKM）两个部分。

加密封装协议里定义的是一系列的认证、加密算法和使用算法计算协议数据单元 PDU 负荷的规则。通过加密每条链接的所有数据包，给用户提供安全的接入固定宽带无线网络的能力。此协议定义了两项内容：一项是一系列的认证和加密算法，IEEE802.16-2004 只支持一种加密算法，即数据加密标准的密码块链接模式（DES-CBC），但 DEC-CBC 存在明显弱点也因此而不应被用来提供通信保密。IEEE 802.16e 和 IEEE 802.16-2009 同时支持 DES-CBC 和 AES-CBC、AES-CTR、AES-CCM 等三种 AES 数据加密模式。但目前 IEEE 802.16m 标准只支持 AES 数据加密模式。另一项是将这些认证或者加密算法运用到 MAC 层 PDU 净负荷（payload）部分的规则。

密钥管理协议 PKM 定义的是用户站 SS 的安全密钥分配机制。PKM 使用 X.509 数字证书、RSA 公钥加密算法和强对称算法进行密钥交换，进一步加强 PKM 的安全性能。

安全子层属于 WiMAX 系统为用户提供的加强功能，是 MAC 层的选项功能模块。

1.2 认证与认证协议

1.2.1 基本概念

1. 认证（Authentication）

认证[32]目的是证明实体的身份和消息的来源，是安全服务的基础，许多安全服务都是建立在认证的基础之上的。认证包括：

（1）数据源认证（Data-origin Authentication）：

目的是确认消息发送者的身份以及数据的完整性。

（2）实体认证（Entity Authentication）：

实体认证是一种安全服务，使通信双方能够验证对方的身份。

（3）认证的密钥建立（Authenticaticated Key Establishment）：

认证协议的子任务，即密钥交换（Key Exchange）、密钥协商（Key Agreement）。

2. 认证协议（Authentication Protocol）

认证协议（包括数据源认证、实体认证、认证的密钥建立）的目的在于证明某种声称的属性，其不可避免地要用到密码技术。并且认证协议的目的总是和其对立面——攻击，相伴而生。对于认证协议的攻击主要是指那些不涉及破解底层密码算法的攻击。通常，认证协议不安全不是因为该协议所用的底层密码算法很弱，而是因为协议设计上的缺陷，这些缺陷使得攻击者能够在不需要破解密码算法的条件下破坏认证的目的。因此在分析认证协议时，我们通常假设底层的密码算法是"完善的"，不考虑其可能存在的弱点。

3. 认证协议的种类

（1）按采取的密码体制的不同，认证方案可分为：

- 单向函数的认证协议：

单向函数的认证协议，采用单向函数如 HASH 函数来发送用户端的凭证和口令。对于验证端来说，不必存储用户的口令，仅需存储用户口令的单向函数即可，如图1-5所示。

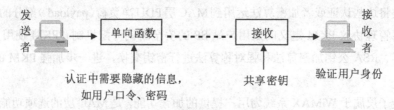

图 1-5 单向函数的认证协议

- 基于单钥密码体制的认证协议：

单钥密码体制的认证方案，又可以叫作基于共享秘密的认证机制，其应用于通信认证双方具有预共享的秘密信息的情况。认证的一方利用预共享密钥加密并传输其身份凭证信息。对方利用相同的共享秘密解密凭证信息，检验凭证信息的正确性和有效性。同时，双方还会传送会话密钥生成参数和密钥算法信息，用于保护本次业务通信数据的安全传输，如图1-6所示。

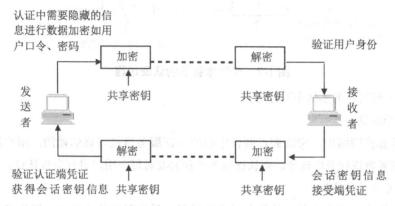

图1-6 单钥体制下的认证过程

有许多认证协议是建立在预共享秘密的基础上的。预共享秘密往往是用户名、口令、预共享密钥，或者是可以生成预共享秘密的密钥材料等。常用的对称加密密钥的算法有：DES[33]、3-DES、AES[34]、IDEA[35]、SAFER、RC4[36]。

- 基于双钥密码体制的认证协议：

1976年W.Diffle和M.E.Hellman[37][38]提出了公钥密码体制的新思想，给出了一种基于离散对数的交换方案，即Diffle-Hellman（DH）密钥交换方案，该方案可以在没有共享任何密钥的两个用户间建立会话密钥。双钥密码体制认证方案并不仅仅用于完成获取用户的合法公钥，而且希望利用对方的公钥验证对方的签名，从而判断对方是否是合法用户。认证过程往往涉及使用私钥的数字签名和使用公钥的数据加密，如图1-7所示。常使用的公钥算法如RSA[39]、ECC[40]算法。现在常使用的公钥证书格式，如CCITT的X.509[41]证书。

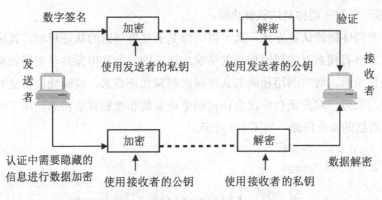

图 1-7 双钥体制下的认证过程

（2）按认证的实体个数划分：
- 单向认证：

在计算机网络中，常常假设网管中心的认证服务器是可以信赖的。用户端无须对认证服务器进行身份认证，而认证服务器却需要对每个用户进行身份认证。

- 双向认证协议：

当网络中的两个通信实体彼此互不信赖时，采用双向认证协议。通信双方必须通过执行双向认证协议，建立彼此间的信任。

1.2.2 威胁模型和攻击类型

在开放的无线网络环境中，必须考虑到攻击者的存在，他们可能实施各种攻击，不仅仅是被动地窃听，而且会主动地改变（可能用某些未知的运算或方法）、伪造、复制路由，删除或插入消息。

1. Dolev-Yao 模型[42]

1983 年，Dolev 和 Yao 提出了一个威胁模型，是用于安全协议验证研究并且使用最为广泛的一个安全协议攻击者模型，它界定了安全协议攻击者的行为能力。该模型将安全协议本身与安全协议具体所采用的密码系统分开，在假定密码系统是在"完善的"（即只有掌握密钥的主体才能理解密文消息）基础上讨论安全协议本身的正确性、安全性和冗余性等问题。同时指出，在这个模型中，攻击者的知识和能力不可低估，假设攻击者可以控制整个通信网，并具有如下特征：

- 可以窃听所有经过网络的消息；
- 可以阻止和截获所有经过网络的消息；
- 可以存储所获得或自身创造的消息；

- 可以根据存储的消息伪造并发送消息；
- 可以作为合法的主体参与协议的运行。

在 Dolev-Yao 威胁模型中，发送到网中的任何消息都可看成是发送给攻击者处理的（根据他的计算能力）。因而从网络接收到的任何消息都可以看成是经过攻击者处理过的。换句话说，可以认为攻击者已经完全控制了整个网络。当然攻击者也不是全能的，也有一些攻击者所不能做的事情，具体包括：

- 攻击者不能猜到从足够大的空间中选出的随机数；
- 没有正确的密钥，攻击者不能由给定的密文恢复出明文；
- 对于完善的加密算法，攻击者也不能从给定的明文构造出正确的密文；
- 攻击者不能求出私有部分，比如，与给定的公钥相匹配的私钥；
- 攻击者虽然能控制计算和通信环境的大量公共部分，但一般不能控制计算环境中的许多私有区域，如访问离线主体的存储器等。

我们认为 Dolev-Yao 威胁模型同样适用于无线网络环境。本书中所有协议分析与设计都是基于 Dolev-Yao 威胁模型的。

2. 主要攻击类型

对于认证协议的攻击是假定底层密码算法完备情况下的攻击。通常，认证协议不安全是因为协议设计上的缺陷造成的，即攻击者能够在不需要破解底层密码算法的条件下达到破坏认证的目的。因此，在分析认证协议时，通常假设底层的密码算法是"完善的"，不考虑其中可能存在的弱点。有关这些弱点的研究则通常在密码学的其他研究领域中加以研究解决。

对认证协议的典型攻击主要有：

（1）被动窃听及流量分析：

在无线网络环境中，由于信道开放，攻击者非常容易实施被动窃听攻击。例如，使用 AirSnort、WEPcrack 等无线包嗅探工具探测、记录无线网络中传输的数据帧。被动窃听攻击往往是实施其他攻击的基础，如可获得通信流量配合弱密钥的字典攻击获取交换的密钥或者用户口令等。

（2）主动窃听及消息的篡改和插入：

在开放性的环境中，攻击者有能力使用中等性能设备，如笔记本计算机配置一个普通无线网卡及一些相关的软件，实现无线网络消息的截获和插入。

（3）终端窃取与假冒：

如果在认证协议中用户或设备凭证信息是以明文的方式发送，攻击者可以通过被动窃听获得相关信息，假冒用户或者合法设备。同时在模拟移动网络时代，攻击者可以通过窃取移动终端后,复制里面的标识号来克隆终端并非法获得服务。

(4) 重放攻击:

最常见的攻击方式之一。截获数据后进行重放。那些没有时戳或者伪随机数保护的消息无法抵抗这种攻击。

(5) 中间人攻击:

这种攻击需要攻击者先执行被动窃听并参与通信。例如在 IEEE 802.16 中如果一个 BS 和一个 SS 之间已经存在一个连接,攻击者必须首先打破这个连接;接着,攻击者冒充合法 SS 与 BS 关联,如果安全架构需要认证 SS,攻击者必须能欺骗认证;最后,攻击者还必须冒充 BS 哄骗其冒充的 SS 与其关联。相似地,如果系统需要 SS 认证 BS,攻击者还必须伪造 BS 的身份。在实体认证阶段攻击者需要成功伪造认证身份或认证数据帧打破认证协议;在密钥协商阶段攻击者可以利用算法的漏洞或缺陷成功实施中间密钥协商;在数据保密阶段攻击者通过打破加密安全体制获得攻击成功。中间人攻击实施过程如图 1-8 所示,这是一种实时攻击,即发生在目标机器的会话过程中。

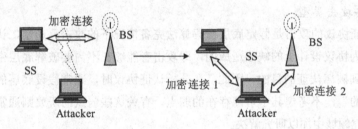

图 1-8 中间人攻击

(6) 会话劫持:

我们应该考虑,攻击者可能在无线设备已经完成成功认证之后劫持其合法会话,冒充合法设备继续使用网络。

事实上,攻击方法难以穷尽。在本书第二部分中,有关认证协议的安全性将针对 PKMv1 中构造的攻击问题加以分析。

1.3 IEEE 802.16 系列协议安全机制的研究状态

1.3.1 IEEE 802.16/802.16a 阶段

该标准在 IEEE 802.16 的基础上增设了网络结构(Mesh Mode),且网络部署为非视距条件。针对原有的网络结构 Mesh，在 802.16 安全机制的基础上，802.16a 又定义相应的 Mesh 模式安全机制。

在此阶段 Arkoudi-Vafea Aikaterini[43] 对 Wi-fi 安全机制和 WiMAX 在易受的攻击上进行了比较，得出该标准难以抵抗重放攻击、伪冒中间人攻击、MAC 地址侦听。虽然该篇文章对 802.11 和 802.16 在常见的几种攻击方式下的脆弱性进行了比较，并且着眼于 IEEE 802.16a 标准本身设计，深入地进行了分析，但是却没有针对漏洞给出相应的解决方案。

在 IEEE 802.16/802.16a 安全机制分析方面，国内也有不少作者发表了相关的文献 [44][45][46][47]，张九龙、彭志威、杨波对 IEEE 802.16 中使用的安全机制进行了一个简要的介绍，描述了 Mesh 网络中安全机制的实现，但没有提出相关的改进方案。李惠忠、陈惠芳、赵问道在介绍了 IEEE 802.16 标准中主要安全要素外，建议采用 EAP 认证协议，认为其提供了一个底层框架，各种具体的认证机制都可以建立在这个框架上。

David Johnston 和 Jesse Walker[48] 对该阶段的安全机制进行了分析，认为在 IEEE 802.16/16a 标准存在下述缺陷：

- 缺乏一个相互的认证，容易导致伪造 BS 攻击，即中间人攻击。
- 易受重放攻击（replay attack）。
- TEK 空间无法满足 TEK 需求。
- 严重的密钥管理协议 PKM 的问题，例如没有 TEK 的新鲜度与无关性保证。
- 数据保护的脆弱性。该标准使用 DES-CBC 模式来进行数据加密。然而 56-bit DES 模式被证明是脆弱的和不安全的。

并且 David Johnston 和 Jesse Walker 对系统间的认证协议交换消息进行了改进，并对该标准安全机制的发展进行了展望，他们建议采用：

- EAP[49]（Extensible Authentication Protocol）扩展的认证协议。
- 更新数据加密算法，如使用 AES-CCM 代替 DES。
- 增强认证过程中的安全性，如抵抗重放攻击、伪冒中间人攻击等。
- 对 TEK 等密钥的产生进行明确定义。
- 为将来的漫游功能研制低功耗的重认证授权机制。

事实上在 IEEE 802.16a 之后，IEEE 802.16 系列标准安全机制发展趋势的确符合 David Johnston 和 Jesse Walker 的预测，IEEE 802.16e 在以上几个方面均做了相关的增补和改进。

1.3.2 IEEE 802.16/802.16d 阶段

由于 IEEE 802.16d 是 IEEE 802.16 与 802.16a 的一个合并，因此安全机制的主要组成要素没有大的改进，只是对 Mesh 结构有了一个更清晰的定义。此阶段的安全性分析主要基于两种不同的网络拓扑结构 PMP 和 Mesh 结构，其中 PMP 结构安全机制分析基本与 IEEE 802.16a 一致。Mesh 模式下，一个 BS 范围内的小区中各 SS 之间可以通过一跳直接进行通信，这些合法加入网络的 SS 共享一个 Operator Shared Secrete，以提供邻居节点间进行通信密钥交换时消息验证码的加密密钥。这种模式中，任意已授权节点都可以对经由自己发送的消息进行篡改，因此网络的安全受到极大的威胁。目前对相关 Mesh 模式安全机制的关注和研究不足，关于 IEEE 802.16d Mesh 模式安全机制已经公开发表的研究文献不多[50][51][52][53][54]，并且安全机制方面的改进很多都局限于安全路由方面。

1.3.3 IEEE 802.16e 标准阶段

IEEE 802.16e 提出了具有移动特性的系统框架结构，并于 2004 年 9 月通过了草案，但直到 2006 年 1 月底才正式发布。该标准是 IEEE 802.16d 在移动性上的一个增补，同时其在安全机制方面也有了很大的改动，具体表现在：

• 支持两个版本的 PKM 协议：PKMv1 和 PKMv2：

PKMv1 是为了兼容 IEEE 802.16d 而保留的 16d 的安全机制，是基于 X.509 证书的单向认证。PKMv2 是一个改进的版本，在认证方面可以支持基于 X.509 证书的 PKMv2 RSA 双向认证，也可以是基于某种 EAP 方法的双向认证。IEEE 802.16e 在 PKMv2 中共定义了 5 种认证模式，但有关该 5 种模式的认证流程以及重认证流程没有明确的说明。

• 数据加密算法：

PKMv1 仍然使用 DES-CBC、AES-CCM 数据加密算法，而 PKMv2 中增加了可选的数据加密算法 AES-CCM[55]、AES-CTR、AES-CBC[56]。

• 安全关联 SA（Security Association）：

PKMv1 中只涉及单播 SA。而 PKMv2 则将安全关联分为单播 SA、组安全关联 GSA（Group SA）、MBS（Multicast Broadcast Service，多播和组播服务）组安全关联（MBSGSA）。

• TEK（Traffic Encyption Key）通信加密密钥的分发：

PKMv1 通过两条消息来进行 TEK 密钥分发，而 PKMv2 使用 PKMv2 SA TEK-

3way 握手的 3 条消息来进行 TEK 的分发。

· 预认证（pre-Authentication）：

为了支持移动性，该标准在 HO 小区切换时提出了预认证的概念。显然预认证将涉及不同小区 BS 认证者/认证服务器间的交互和授权密钥、数据加密密钥传递问题。但是在 IEEE 802.16e 中缺乏该方面的说明，在其 7.7 节中仅仅做了名词性的解释，而未做具体描述。

同时 PKMv2 协议增加了对组播密钥的管理，并指定了一个可选的组播广播业务（Multicast and Broadcast Services, MBS）的密钥更新算法 MBRA（Multicast and Broadcast Rekeying Algorithm）。

IEEE 802.16e 标准涵盖的内容丰富，是一个重载的安全机制。文献 [57] 对 IEEE 802.16e 的 PKMv2 进行简要的介绍，并没有就其中的 RSA 认证或者 EAP 认证模式进行安全性分析。文献 [58] 通过形式化方法的分析，验证了 PKMv2 SA TEK-3way 交换的安全性，同时通过减少消息中冗余的元素，如不必要的随机数来缩短消息的长度。但是该文献并未对 IEEE 802.16e 的 RSA 认证方式或者 EAP 认证方式进行安全和计算开销分析。文献 [59] 对 PKMv2 的 RSA 双向认证模式进行了分析和探讨，但是使用的参考文献是较早的 PKMv2 草本，其分析的协议漏洞在新发布的 PKMv2 中已经解决。

总的来说，IEEE 802.16e 认证协议存在两个方面的问题：

（1）认证方面的相关规范还很不完善。

如何进行安全、快速有效的认证对一个使用于移动特性的安全机制而言是事关重要的。其结合合适的加密算法保障着无线网络业务中提供的服务安全可靠。

在这种前提下，IEEE 802.16e 标准没有提供可使用的 EAP 方法选取参考依据。在多种认证模式中，涉及 EAP 方法的有 4 种，相关的 EAP 方法选取以及应用流程都没有得到清晰的说明和描述。

同时由于存在多种认证模式，使得 AK 的产生具有更高的复杂性。当进行重认证时，对复合型的认证模式而言，在保证安全的前提下进行快速重认证的优化是很有必要的。而 IEEE 802.16e PKMv2 对重认证机制缺乏相关的规定，在此方面的标准缺失，使得设备商将提供自己的解决方案，进而造成设备的不兼容性。而无标准化也必将阻碍 IEEE 802.16e 设备一致化商业进程。

此外，新增的组播和 MBS（多播和广播）的密钥分发和更新机制也缺乏相关的说明和定义。同时，IEEE 802.16e 目前的预认证还缺乏相应的补充规范来指导如何进行小区切换时的快速认证，显然这对于以移动性为标志的16e标准来说是迫切需要的。

（2）IEEE 802.16e 安全机制的内容还不充分。

如前所述，IEEE 802.16e 为了解决在 16a—16d 阶段的安全漏洞，在认证模式、加密密码算法、小区切换都增添了新的内容。但 IEEE 802.16e 对这些新增添的内容缺乏足够的说明和规范，由于颁布的仓促甚至在内容上存在定义、规范的前后不一致性，因此其安全机制的研究需要研究人员的广泛参与和探讨，研究工作需要进一步的深入。

1.3.4 IEEE 802.16j 标准阶段

IEEE 802.16j-2009 标准引入了多跳中继 MR 扩大系统的覆盖范围，同时为了满足多跳中继的安全需求对 PKMv2 协议进行了扩展[60]。和 IEEE 802.16e 标准不同，IEEE 802.16j 不支持 Mesh 模式，引入了 RS 后，其网络结构为树形结构。RS 仅进行简单的数据转发服务，为了实现 MR-BS 和一组 RS 之间的安全，IEEE 802.16j 增补和定义了安全域（Security Zone）及其管理方式，并明确如何产生、使用和更新安全域密钥，如提出通过安全域密钥更新算法（Relay Multicast Rekeying Algorithm, RMRA）进行密钥更新。同时 IEEE 802.16j 在 IEEE 802.16e 基础上完善组播密钥管理算法 MBRA，并修改 MBRA 为默认的组成员密钥更新算法（IEEE 802.16e 中 MBRA 为可选组播密钥管理算法）。Y. Lee 等人[61]为 IEEE 802.16j 多跳中继网络设计了一个混合认证（集中认证和分布式认证相结合）与密钥分发机制，能够为 RS 较快的建立会话密钥，提供可靠网络服务。付安民在文献 [62] 中指出 IEEE 802.16j 标准仍存在的一些安全问题，如未认证的 PKM 信息、不安全的可靠域和不安全的安全域密钥更新算法等。

1.3.5 IEEE 802.16m 标准阶段

2010 年 4 月 10 日颁布了 IEEE 802.16m 协议，其中新增加了一个 PKMv3 密钥管理协议，较好解决了 PKMv1 和 PKMv2 在管理消息中的不足，能有效抵御 DOS 攻击、重放攻击等。IEEE 802.16m 标准中可以支持 PMP 模式和 MMR 模式，没有继续补充和完善对 Mesh 模式的支持。付安民在《WiMAX 无线网络中的密钥管理协议研究》中归纳总结了 IEEE 802.16m 安全机制的一些改进和问题：

和前两个 PKM 版本一样，PKMv3 协议也具有两个基本功能：认证及密钥协商，但 PKMv3 在认证方式上只支持 EAP 认证。

PKMv3 在 PKMv1、PKMv2 的基础上做了以下修改：

（1）在选取消息认证码上，PKMv1 和 PKMv2 可以支持 CMAC 或 HMAC，802.16m 定义 PKMv3 仅支持 CMAC 消息认证方式，使用 AES 加密。

（2）PKMv1、PKMv2 中由于认证与管理信息未加密带来一些安全隐患。PKMv3 加强了对认证管理信息的保护，可选择性地使用三种保护策略：基于 AES-CCM 的认证加密保护、基于 CMAC 的完整性保护以及无保护。

（3）在用户认证方法上，由于基于 EAP 认证的方式能与 AAA（Authentication Authorization and Accounting）体系结构灵活交互，PKMv3 只支持基于 EAP 的认证。

目前 PKMv3 相对于前两个版本具有更安全、开销小等优点，不过 PKMv3 还是存在如下的三个主要安全缺陷：

（1）依然缺少对快速切换认证的支持。PKMv1 采用 RSA 认证，PKMv2 在 PKMv1 的基础上增加了 EAP 认证，到了 PKMv3 阶段则仅支持 EAP 认证。虽然这样使得 WIMAX 与其他网络更加兼容于灵活交互，但实验证明 EAP 认证十分耗时，并且移动基站从服务基站切换到新的目标基站时，PKMv3 要求移动基站执行 EAP 重认证，这样 PKMv3 是很难支持实时性要求较高的应用。在未来高速网络环境中，移动性越来越频繁，如果移动基站每次切换都要执行 EAP 重认证，那么时延和通信开销将会很大。

（2）为了增加通信范围和传输容量，IEEE 802.16m 支持多跳中继功能，但 PKMv3 协议没有考虑 ARS（Advanced Relay Station）的接入问题。

（3）虽然计数器 count 和随机数 nonce 等新的密钥参数被引入到密钥协商过程中，而且密钥协商三次握手中多数消息都采用了 CMAC 作为保护，但 Key agreement MSG#1（挑战信息）没有采取任何措施保护其完整性和真实性，使得三次握手协议易受 DOS 攻击。

众所周知，在网络通信中，身份认证及密钥协商协议是网络系统安全的基础，是网络安全的重要组成部分。实践证明，如果网络的设计之初没有重视其安全性能，则很容易被恶意用户利用其漏洞[63][64][65]，而且，在后期加强网络的安全性能是个痛苦和昂贵的过程。

因此，IEEE 802.16e 的安全工作组，势必要加大标准化安全机制的步伐，进一步增强安全性能，支持持续增长的商业化要求。

1.4 本章总结

本章对 WiMAX 的产生、WiMAX 的系列标准、可支持的网络结构和协议框架都进行了概要性的介绍，同时也对认证协议的概念、种类、威胁攻击类型进行分析。最后对 IEEE 802.16 系列标准的安全机制发展和研究背景进行了说明，清晰地描绘了 WiMAX 安全协议发展的进程。

第二部分 基于 IEEE 802.16 standard 的 PMP 模式安全机制分析

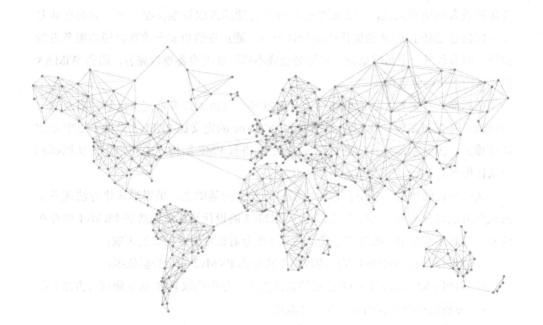

作为比 IEEE 802.11[66][67][68] 标准具有更广传输范围、更高传输速率的无线网络标准，IEEE Standard 802.16，引领了无线技术发展新趋势。2006 年 1 月 IEEE 正式发布的 IEEE 802.16e，是以 IEEE802.16-2004 为基础制定的移动城域网（WMAN）标准。为适应不同的安全需求，IEEE802.16e 在 IEEE 802.16d 基础上增添了新的密钥管理协议 PKMv2，扩充了 PKMv1 的安全关联、身份认证模式和底层支持密码算法等内容。

在 David Johnston 和 Jesse Walker[48] 的建议下，IEEE 802.16e-2005 PKMv2 引进了 EAP 认证协议。通过 EAP 认证协议和 RSA 认证协议的组合，PKMv2 定义了 5 种认证模式，实现用户的设备认证和身份认证。在基于三方整体认证框架基础上，EAP 可以提供多种可选的 EAP 方法，扩充和丰富了 PKMv2 认证方式。同时，5 种认证模式结合可选的多种 EAP 方法，带来了认证流程的复杂性和复合型的安全问题。在 PKMv3 中明确说明仅支持 EAP 方法，但同样未对 EAP 方法选取和使用进行定义。

由于 IEEE 802.16 安全工作组并没有将 EAP 纳入标准化内容，因此，无论使用 PKMv2 还是 PKMv3，涉及 EAP 方法认证模式设计上都存在着很大的自由性。对于各国的设备制造商来说，一方面意味着没有合适的选取标准参照，另一方面意味着可以提出自己基于 EAP 的优化认证设计方案，通过提供更安全的数据通信服务占领市场。因而从另一个角度来说，也势必造成不同厂商的设备难以兼容，阻碍 WiMAX 的设备一致化商业进程。

从标准本身来看，认证机制涵盖元素过多，遗留了许多未定义区域，需要进一步修改、补充和完善。PKMv2 根据 IEEE 802.16e 的定义比 PKMv3 提供了更丰富的认证模式，因此本部分将依据 PKMv2 的定义进行 PMP 结构下的初始化认证机制和重认证机制的 EAP 方法选取、改进、优化。

认证协议的研究一般是在假设底层密码安全的基础上，采用形式化方法或者非形式化方法来分析安全的完备性。由于 PKMv2 的设计目标就是改进 PKMv1 中存在的安全漏洞并抵抗相应的攻击方式，因此本部分对认证协议的研究采取：

- 分析和构造 PKMv1 存在的攻击方式作为 PKMv2 安全分析依据；
- 针对 PKMv2 涉及 EAP 方法的认证模式，分别选取 EAP 认证协议（方法）；
- 分析已选取协议的缺陷并进行改进；
- 结合 IEEE 802.16e 的定义，说明认证流程和相应的密钥层次；
- 最后进行攻击方式分析、计算开销比对，证明设计的安全高效性。

本部分主要工作均只针对 PMP（Point to Multi-point）网络结构下单播初始化认证和重认证，以下内容不再进行重复说明。

第 2 章　PKMv2 认证机制及问题概述

IEEE 802.16e 提出了具有移动特性的系统框架结构，并于 2004 年 9 月通过了草案，但直到 2006 年 1 月底才正式发布。从标准的发展上来看，IEEE 802.16e 在物理层、MAC 层、切换方式、休眠模式、安全机制四个方面进行了改进，以支持移动特性。

本章将依据 PKMv1 存在的认证协议漏洞，构建几种有效的攻击模式，并通过 PKMv1 和 PKMv2 的比较分析，对 PKMv2 进行概要介绍。同时在介绍的基础上着重地分析了 PKMv2 的 SA TEK 3-Way 握手的安全性，进一步细化了 PKMv2 认证协议研究重点，提出了 PKMv2 在 PMP 单播中认证协议存在的问题。

2.1　IEEE 802.16e 安全子层的框架结构和 PKM 定义

在 IEEE 802.16 的系列标准中，安全子层的框架结构如图 2-1 所示。其安全协议定义了两个部分：

（1）一个用于对固定 BWA 网络上的数据包进行加密的封装协议，即一个支持的密码套件集合；

（2）密钥管理协议（PKM）。

事实上，无论是 PKMv1 还是 PKMv2 的基本内容都包括三个方面：

- 安全关联；
- 身份认证——认证协议，认证与重认证；
- 密钥（AK、TEK）的分发 / 更新机制。

PKM 提供了 BS 和 SS/MS 之间的身份认证，以及双方的密钥安全分发，并利用支持的认证协议加强对网络业务的有条件访问。其目标是通过身份认证而建立某种连接形式的 SA（Security Association）。同时通过一定的密钥分发和更新机制在 SS 和 BS 之间实现数据通信安全。

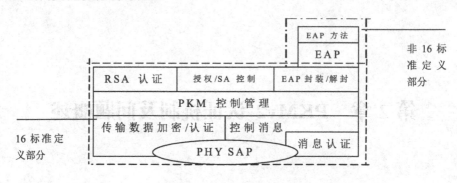

图 2-1　802.16e 安全子层

2.2　PKMv1 认证协议缺陷及攻击方法

本节分析 PKMv1 认证机制存在的问题，如单向认证、缺乏消息的新鲜性、时戳、随机数保证等。根据其存在的安全漏洞，对 PKMv1 下存在的攻击方法进行构造，并且针对中间人攻击提出了两种不同的攻击方法。通过第二种攻击方法证明假设底层密码体制安全的基础上，PKMv1 存在着严重的安全隐患，即任意拥有合法证书的合法用户都可以充当中间人，都能得到其他合法用户的通信数据。

这些构造的攻击方法将作为 PKMv2 认证安全的比较分析依据。

2.2.1　RSA 单向认证

在 PKMv1 中采用基于 X.509 证书的 RSA 单向认证，即只有 BS 端对 SS 端的认证，而无 SS 端对 BS 端的认证。在获得初始化授权后，SS 将阶段性的得到 BS 的重认证。重认证的发起和管理由 SS 的认证状态机来管理，具体过程如 2-2 所示。

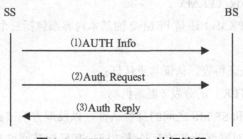

图 2-2　PKMv1 RSA 认证流程

首先 SS 通过向 BS 传送一条认证信息消息（Authentication Information Message）来开始授权。该信息中包含有 SS 的制造商的 X.509 证书，该证书由制造商发行或者来源于一个外部的权威机构。

当发送完认证信息消息后，SS 立刻向 BS 发送一个授权申请信息 Auth Request message（如图 2-3 中的 Message2）用来申请 AK。该授权申请包括：一个制造商颁布的 X.509 证书、一组申请方 SS 支持的密码算法、等同于基础 CID 的主 SAID。

> 1、Auth Info
> Message1: SS→BS: Cert(Manufacturer)
> 2、Auth Request
> Message2: SS→BS: Cert(SS) | Capabilities |SAID
> 3、Auth Reply
> Message3: BS→SS: RSA-Encrypt(AK)$_{PubKey(SS)}$ | Lifetime | AK_SN | SAIDList

图 2-3　PKMv2 RSA 认证消息格式

BS 在回应 Auth Request 消息前，将验证申请方 SS 的身份。如果身份验证不通过，则发送 Auth Invalid 消息。如果验证通过，则决定和 SS 共同使用何种加密算法和协议，并为 SS 激活一个 AK。使用 SS 的公共密钥加密它，并使用 Auth Reply 消息将该 AK 发送给 SS。授权回应消息包括：用 SS 公共密钥加密的 AK、一个 4 位的密钥序列号 AK_SN、一个密钥生命周期 Lifetime、一组 SA 的指示符 SAIDList（例如 SAID）。

BS 响应 SS 的授权申请，并且通过 X.509 证书的身份认证，决定是否申请方 SS 能够被授权得到网络服务。这里 BS 提供给客户端 SS 服务的安全性依赖于 SS 和 BS 共同选择的特定加密套件。

2.2.2　TEK 交换

在本节中探讨的仅为 PMP 模式下的 TEK 交换，消息格式如图 2-4 所示。

> 1、Key Request:
> Message4: SS→BS: AK_SN | SAID | HMAC()$_{HMAC\_Key\_U}$
> 2、Key Reply
> Message5: BS→SS: AK_SN | SAID | 3-DES (TEKold,TEKnew)$_{KEK}$| HMAC()$_{HMAC\_Key\_D}$

图 2-4　PKMv1 TEK 交换消息

如上节所述，如果 SS 收到了来自 BS 的 Auth Reply 消息，使用自己的私钥解密该消息并得到了授权密钥 AK。则 BS 和 AS 共享了一个授权密钥 AK，通过 AK，可以生成一个密钥加密密钥 KEK（Key Encryption Key），以及上行链路的消息加密算法使用的消息加密密钥 HMAC_KEY_U 和下行链路的 HMAC_KEY_D。

当获得 Auth Reply 消息，紧接着 SS 将发送一条密钥申请消息。其中 AK_SN 为刚获得的 AK 序列号，SAID 为该安全关联的 CID。SS 对这些属性使用 HMAC_KEY_U 计算 HMAC 消息值，附带在消息后发送给 BS。BS 通过计算 HMAC 值来判断 SS 是否是已授权的 SS，如果认证通过则发送 Key Reply 消息回应，否则发送 Key Reject 消息，并在 Key Reject 消息中的 Display-String 属性中说明拒绝的理由。

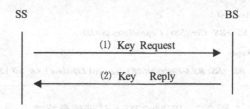

图 2-5　PKMv1 TEK 交换流程

BS 以一个密钥应答消息 Key Reply 消息来回应 SS 的密钥申请消息。该消息包含有相应 AK 的序列号 AK_SN 和一个特定的 SAID 号，以及 BS 产生的（使用 3-DES[69] 加密的）一对动态密钥材料 TEKold 和 TEKnew。TEKold 和 TEKnew 使用由 AK 产生的 KEK 加密。SS 通过计算 HMAC 值来确定发送这条消息是否为合法的 BS。BS 为 SAID 维持了两组动态的密钥材料。Key Reply 密钥应答消息除了向 SS 提供 TEK 和 CBC 初始向量外，还提供每个密钥信息集合的剩余生存周期。这样，收到响应的 SS 可以用这些剩余时间来估计 BS 在什么时候让其中的某个 TEK 过期，并据此来预测下一个密钥请求消息的发送，以便 SS 能够在所持有的密钥信息过期前收到新的密钥信息。

2.2.3　攻击方法构造

如 1.1.2 节所述，无线网络的威胁模型可以使用 Dolev-Yao 模型来描述，并且常见的认证协议攻击有重放攻击、消息的篡改和插入、中间人攻击、会话劫持等。本节将针对 IEEE 802.16e PKMv1 认证协议进行攻击方法的分析和构造。

如图 2-2 所示，在 PKMv1 RSA 单向认证中，Message1—3 用于 SS 的身份认证和 AK 授权；如果 SS 认证成功并且获得 AK 授权，则开始进行通讯密钥 TEK 协商，如图 2-5 中的消息 4-5。

1. 重放攻击

在认证和 AK 授权阶段，SS 和 BS 端交互的 Message1、2，均无任何消息标签（随机数 N 或者时戳 T）。由于无线信道的开放性，攻击者可以截获 Message1—3，而实施重放攻击。因为 Message1、2 中无任何消息标签，同时也不含有相关的 AK 信息，则 BS 端根本无法判断这两则消息是否已经使用过。

而对于 Message4，只要 AK 授权密钥没有更新，伪冒者可以针对 Message4 进行重放攻击。在 AK 的值没有更新的前提下，BS 端验证来自于该 AK 的 HMAC 值一定正确，因而接收端 BS 无法识别该消息是否已经发送过。如果 BS 接收到该重放消息时，SS 已经被授权，则 BS 会认为是 SS 进行 TEK 的更新申请，于是 BS 会发送 Message5 给攻击者。接下来，由于 SS 始终未使用更新的密钥与 BS 进行数据通信，BS 会认为 SS 与自己失去了同步，则会发送 TEK Invalid 消息，同时等待来自 SS 的 Key Request 消息。这样 SS 收到后将会被迫终止当前的数据通信，进行 TEK 更新，即进入密钥更新等待状态。

虽然在密钥未泄漏的基础上，单纯的重放攻击不能达到真正意义上的窃取会话的目的。但是过多的重放攻击和无法识别的重放消息会降低 BS 和 SS 端的运行效率，同时也可能导致信道堵塞，更严重的是导致 BS 的拒绝服务（信道长时间异常）。

2. 消息的篡改和插入

在 Message1、2、3 中，由于没有消息验证码的保护，对这些消息的篡改不会被发现。

（1）Message1 的篡改和插入：

Message1：*SS→BS*：*Cert*（*Manufacturer*）

如果攻击者截获 Message1，并且将 Cert（SS.Manufacturer）消息中的 Manufacturer 消息进行修改，如任意篡变制造商信息。则 BS 接收到该篡改后的消息时将会判断制造商信息无法识别。根据 IEEE.16d 标准（由于 PKMv1 是来自于 16d 的安全机制版本）中的 7.2.4.3 节，可以获知如果 BS 无法识别 SS 的制造商，将向 SS 发送一条附带有 perm Auth Reject 状态码的 Auth Reject 消息。则 SS 接收到该消息后，将转向静默状态。也就意味着 BS 永久拒绝 SS 的认证和数据服务申请。

（2）Message2 的篡改和插入：

Message2：*SS→BS*：① *Cert*（*SS*）| ② *Capabilities* |*SAID*

● 对 Cert（SS）的篡改攻击：

由于 X.509 证书中包含有 CA 的名称、SS 公钥信息和 CA 对该消息的 SHA.1 消息摘要签名。如果攻击者对 Cert（SS）中这几项如 CA 的签名、CA 的名称进行修改，则根据 IEEE 802.16d（由于 PKMv1 是来自于 16d 的安全机制版本）的 7.2.4.3 节可知，会造成 BS 验证 SS 证书失败，并且满足永久拒绝的条件。此时 BS 向 SS 发送一条失败标志为 Perm Auth Reject 的 Auth Reject 消息。如果攻击者对 SS 的公钥生成和加密算法信息进行篡改，则会直接导致 BS 在验证该证书 CA 的数字签名时失败。同样，SS 将会接收来自 BS 的一条错误码为 Perm Auth Reject 的 Auth Reject 消息，并永久转入静默状态。

- 对 SS 的 Capability 攻击：

在 PKMv1 中允许的 Capability 的 Cryptographic suits（加密套件），如表 2-1 所示。

表 2-1　PKMv1 允许的加密套件

值	描述
0x000001	无数据加密，无消息摘要，密钥加密算法 3-DES,128
0x010001	56 位 DES-CBC，无消息摘要，128 位 3-DES
0x000002	无数据加密，无消息摘要，1024 位 RSA
0x010002	56 位 DES-CBC，无消息摘要，1024 位 RSA
0x020003	AES-CCM 模式，无消息摘要，128 位 3-DES
保留值	保留

攻击者针对 Capability 的攻击，首先通过对 Cryptographic suits 的篡改，诱使网络通信对间采用弱密钥强度的加密算法，接下来使用数据窃听和密钥字典攻击，达到获取通信密钥，最终解密密文的目的。如使 BS 仅能选取 0x000001，意味着无数据加密和消息摘要的保护，即无线链路上传递的通信数据为无加密保护的明文。

攻击者也可将 Cryptographic suits 的一列值改为 0x000001 和 0x010001 或 0x000003 和 0x010002 的组合，即意味着无线通信链路使用 56 位的数据加密 DES（DES_CBC[70]）算法。56 位密钥的 DES 将对 64-bit 数据块进行加密，根据文献 [71] 中提出的理论：在 CBC 模式下加密 n 位的数据块，当加密的数据包达到 2n/2 个时，该加密算法将失去安全性。依据文献 [33]，56 位的 DES 加密算法（$n = 64$），在一个 TEK 下能安全保护 232 个 64-bit 的数据包。如果以平均吞吐率为 6.36 Mbps 来处理 232 个 64-bit 的数据块，按全失效需要半天；当数据传输率为 455 Kbps 则需 7 天。因此，如果发送 232 个 64-bit 的数据包所需时间短于 TEK 密钥生存周期设置值时，基于 TEK 的数据加密将受到威胁。

因此，攻击者可以通过更改 Cryptographic suits，使数据通信的双方使用安全性较差的数据加密算法，并采取被动窃听，分析流量，然后破译足够的数据包得到 TEK。如果此时 TEK 还未更新，则 SS 与 BS 的数据通信将不再安全。

如果攻击者将 Cryptographic suits 更改到 BS 无法识别的值或不可用的值时，根据 16e 标准的 7.2.4.3 节可知，其满足永久拒绝条件，此时 BS 向 SS 发送一条失败标志为 Perm Auth Reject 的 Auth Reject 消息。收到该消息后 SS 将转入静默状态，BS 将不再受理 SS 的认证、授权、数据服务请求。

（3）对 Message3 的篡改和插入：

Message3： *BS→SS*：① *RSA-Encrypt*（*AK*）$_{PubKey\ (SS)}$ | ② *Lifetime* | *AK_SN* | *SAIDList*

在 Message3 中，由于没有任何消息验证码或者消息时戳/随机数，则对 Message3 的篡改难以发现。

- RSA-Encrypt（AK）$_{PubKey\ (SS)}$：

由于 SS 的公钥是公开的，则攻击者可以使用 SS 的公钥篡改 RSA-Encrypt（AK）$_{PubKey\ (SS)}$ 项，加密希望 SS 接下来数据通信使用的 AK'，即 RSA-Encrypt（AK'）$_{PubKey\ (SS)}$，并发送给 SS。尽管使用了伪造的 AK'，如果攻击者不知道真正的 AK，则无法修改相继 Message4 中的 HAMC 值，意味着这个篡改将在 Message4 中发现，并引起 BS 发送一条 Key Reject 回应 Message4。此时 SS 在运行等待状态收到密钥拒绝消息，并重新进入开始状态，等待认证和授权。

- Lifetime：

攻击者也可以修改 AK 的 Lifetime，使其尽可能的长。则攻击者可以在相当长的一段时间里，进行重放攻击，发送那些带有该 AK 生成的 HMAC 值的消息。如发送 TEK Invalid，则会使得 SS 从运行状态进入到运行等待，并重新进行密钥申请。

3. 中间人攻击（Man in the Middle）

中间人攻击即攻击者处于两个节点之间，并且操纵着这两个节点间的会话。在 PKMv1 中最典型的一个中间人攻击例子，即伪冒 BS 攻击。

为了伪冒 BS，攻击者首先应当表现得对接入节点比合法的 BS 更有吸引力，这个是很容易达到的。IEEE 802.16 网络中，用户端 SS 选择 BS 的唯一标准就是信道信号的强度。伪冒 BS 只需要使用比合法 BS 更大功率发送信道信号即可。当然为了达到这一点，伪冒者应当选择离 SS 端更近的位置或者使用一个专门的定向天线。同时伪冒 BS 需伪造所有有关合法 BS 的配置信息：如 BSID、BS 的 MAC 地址等，需要伪造的这些信息在无线信道中可以通过侦听 BS 定时发放的广播消息来获得。

接下来伪冒 BS 将诱使节点与自己连接。伪冒 BS 可以等待这些用户节点主动与自己连接，也可以通过攻击一个已认证授权用户节点和合法 BS 之间的连接，即去连接（可以参见图 1-8）来实现。去连接攻击方法可以通过如前所述的重放攻击，即重放 Key Request 或 Key Reject 消息，使得 BS 要求 SS 进行重认证；或者重放 Auth

Info/Auth Request 消息，造成 BS 对 SS 的拒绝服务。当用户端 SS 需重新进入网络并进行认证时，中间人伪冒成 BS 诱使 SS 向自己发送 Auth Info/Auth Request 消息。

（1）中间人攻击方式 1：

- 伪冒 BS 将来自 SS 的 Auth Info 消息发送给 BS。
- 伪冒 BS 收到来自 SS 的 Auth Request 消息，对该消息中 Security Capability 的 Cryptographic Suits 进行修改，使得可选的数据加密算法仅有 0x010001 或 0x010002，即使用 56 位的 DES 数据加密算法，但无消息摘要。
- 接下来伪冒 BS 将 SS 和 BS 之间的 Auth Reply、Key Request、Key Reply 消息转发给 BS，而不加以修改。
- SS 和 BS 之间共享了 TEK 密钥并且进行数据通信。伪冒 BS 将监听这些使用 DES-CBC 模式加密的数据包，并进行分析，如果网络质量足够好，使得在 TEK 到期前，伪冒 BS 得到足够的 232 个数据包，则可以获得通信密钥 TEK。
- 接下来，中间人可以获得想得到的通信明文。
- 如果愿意，此时攻击者即可进行会话劫持。
- 并且在每次更换 TEK 后，仍然可以使用这种方式进行窃听和分析

（2）中间人攻击方式 2：

事实上在 IEEE 802.16 中，由于缺乏 SS 端对 BS 端的认证，以及认证消息 4 信息没有任何保护（时间戳或者消息验证码），和上面所述的第一种中间人攻击不同，存在着更加危险的中间人攻击方式：

如图 2-6，此时假设中间人（A, Attacker）为一个拥有合法证书的节点。同时该中间人伪造了某一个用户的 MAC 地址。中间人 A 通过下述 5 条消息获得了 BS 的合法授权和通信密钥 TEK1，并能够使用该通信密钥与 BS 进行通信。

Message1 A→BS： Cert（A. Manufacturer）

Message2 A→BS： Cert（A）| Capabilities |SAID

Message3 BS→A： RSA-Encrypt（AK1）PubKey（A）| Lifetime | AK1_SN | SAIDList

Message4 A→BS： AK1_SN | SAID | HMAC（）HMAC_Key_U

Message5 BS→A： AK1_SN|SAID| 3-DES（TEK1,TEK2）KEK|HMAC（）HMAC_Key_D

为了发动攻击，中间人将某个 SS 与 BS 之间的连接截断并诱使该 SS 与自己发生联系。或者某个 SS 主动与该中间人发生连接。

第 2 章　PKMv2 认证机制及问题概述

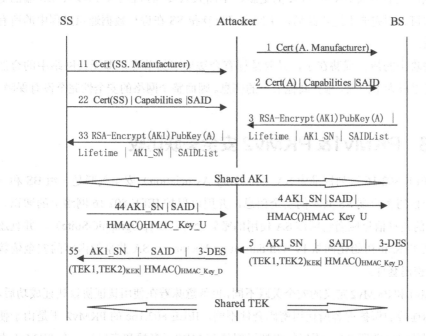

图 2-6　PKMv1 伪冒 BS 攻击方法

对于来自 SS 的 Auth Info 消息和 Auth Request 消息，中间人并不转发给 BS，而是截获，并返回 Message33。

Message11 SS→A：*Cert*（*SS. Manufacturer*）

Message22 SS→A：*Cert*（*SS*）| *Capabilities* |*SAID*

Message33 A→SS：*RSA-Encrypt*（*AK1*）*PubKey*（*SS*）| *Lifetime* | *AK1_SN* | *SAIDList*

在中间人返回的 Message33 中，其中 SAIDList 为中间人得到 BS 授权的 SAIDlist，而 AK1 为中间人从 BS 获得的 AK1，并使用 SS 的公钥加密。

接下来 SS 将向 A 发送密钥申请，因为使用了相同的 AK，则该消息的消息摘要和 A 在 Message4 中发送的消息摘要一致。

Message44 SS→A：*AK1_SN* | *SAID* | *HMAC*（）*HMAC_Key_U*

Message55 A→SS：*AK1_SN* | *SAID* | *3-DES*（*TEK1,TEK2*）*KEK* | *HMAC*（）*HMAC_Key_D*

在 Message44、55 中使用的消息摘要的密钥和分别在 Message4、5 中使用的一致。同时采用的 KEK 加密的 TEK1\TEK2 也和 Message1、2 中的一致。

至此，SS 与 A 建立了通信密钥 TEK1。接下来 SS 想要通过 A 进行的数据包都可由 A 进行解密而知道明文。或者将密文无须改造而直接发送给 BS，由 BS 转发到目的节点。此后有关 AK 和 TEK 的更新，中间人只要保持自己、SS 端、BS 端的更新同步即可。则完成上述步骤后，中间人可以获得 SS 在进行数据通讯过程中的所有明文数据。

这种攻击的最大威胁在于，只要是拥有合法证书的节点，即无线网络中的合法节点都可以成为中间人，截获其他节点的信息。因而整个网络的安全性完全没有保障。

2.3 PKMv1 & PKMv2 安全关联比较

在 IEEE 802.16 系列标准中 SA（Security Association）安全关联是一组 BS 和一个或多个他的客户端 SS 共享的安全信息，并用以保护 IEEE 802.16 网络上的通讯。一个 SA 的共享信息应当包括该 SA 使用的密码套件（Cryptographic Suite），并且还应当包括 TEK 和初始化向量 IV（Initialization Vector）。SA 共享的内容的安全依赖于 SA 的密码套件。

PKMv1 和 PKMv2 定义的安全关联不同，也就意味着在使用认证协议认证成功后，建立目标连接的保护内容所使用密码套件不同。IEEE 802.16e 的 PKMv2 正是由于使用了不同的安全关联 SA，更好的支持了组播和 MBS（多播和广播）。在 PKMv1 中定义的安全关联并不区分单播、组播和多播。

在 16e PKMv2 中将安全关联分成了三种类型，并归纳到统一的安全关联（Security Association）这个概念之下。这三种关联分别是：维护单播连接密钥材料的安全关联 SA；维护多播组密钥材料的组安全关联（GSA）；为 MBS 服务维护密钥材料的 MBSGSA。当然，如果 SS 和 BS 在它们的授权策略中描述"无授权"，则意味着它们不需要任何安全关联。本部分中所讨论的 PKM 协议均基于 PMP 结构下单播 SA。

2.4 PKMv2 认证模式

PKMv2 中定义了 EAP（Extensible Authentication Protocol, IETF）[72] 的使用。传统的 802 系列标准都是结合 802.1X 使用 EAP，然而 802.16ATM 汇聚子层不兼容 802.1X。和 PKMv1 仅支持基于 X.509 证书的 RSA 单向认证相比，PKMv2 支持 EAP、RSA 两种认证协议，并且在两种认证协议的使用组合上，产生了 5 种认证模式。本节主要依据 IEEE 802.16e-2005 标准对这两种认证协议的相关定义和 5 种认证模式的组合进行介绍和分析。

1. PKMv2 支持的两种认证协议

PKMv2 定义了 RSA 协议 [PKCS #1 V2.1 协同 SHA-1（FIPS 186-2）[73]（PKMv1 中为强制性选择，PKMv2 中为可选）] 的使用。其中 PKM RSA 认证协议使用 X.509 数字证书 [IETF RFC 3280]、RSA 公共密钥加密算法 [PKCS #1] 将公共 RSA 加密密钥与 SS 的 MAC 地址绑定。PKMv2 RSA 认证和 PKMv1 不同，采用的是双向 RSA 认证。

第二种支持的认证协议为扩展的认证协议 EAP-Extensible Authentication Protocol（除非特别需要否则可选）。由于采用了 EAP 认证协议，PKMv2 的认证可以采用统一的 EAP 框架来实现客户端、认证者、认证服务器之间认证信息交换。在 IEEE 802.16e PKMv2 中定义 EAP 认证为 IETF RFC 3748[74] 结合某种 EAP 方法（例如 EAP-TLS[IETF RFC 2716][75]）来实现。不同的 EAP 方法采用不同的身份证明，例如 EAP-TLS 使用 X.509 证书，而 EAP-SIM 使用用户身份模块。在 IEEE 802.16e 标准内没有对特定的身份证明和 EAP 方法进行探讨，但指出 EAP 方法的选择应当遵循 RFC 4017[76] 的 2.2 部分的强制性准则。有关这些特性准则将在对 EAP 认证方法的选取中进行分析。

2. PKMv2 支持的认证模式分析

目前涉及 PKMv2 认证模式的相关文献如 [58] 在对 PKMv2 的认证模式进行介绍时，往往仅谈及 4 种认证模式，即单一 RSA、单一 EAP、EAP-Authenticated EAP、RSA+Authenticated EAP 模式，事实上根据 IEEE 802.16e 的 PKMv2 的定义存在着 5 种认证模式，其通过 SBC Request/Response 管理消息的 'Authorization policy support' 域中 8 位二进制取值组合来对采用的认证协议进行设定。如表 2-2 说明了该域不同字段的意义：0—7 位描述了 MS 和 BS 协商使用的授权策略。相应位的值 "0" 代表不支持，"1" 则表示支持。

表 2-2 授权策略域字段含义

类型	长度	值
252	1	Bit#0：初始化网络接入 基于 RSA 的授权 Bit#1：初始化网络接入 基于 EAP 的授权 Bit#2：初始化网络接入 Authenticated Eap 授权 Bit#3：保留位 设置为 0 Bit#4：网络重接入 基于 RSA 的授权 Bit#5：网络重接入 基于 EAP 的授权 Bit#6：网络重接入 Authenticated EAP 授权 Bit#7：保留位 设置为 0

虽然 Bits #4—6 定义成重接入时的授权策略，事实上，表 2-2 中这些位仅被用于

SBC-REQ 消息，所以在 SBC-RSP 消息中这些位恒置 0。也就是说 AK 期满时 MS 和 BS 之间执行的重认证策略，是由当前 MS-BS 协商的授权策略决定的。

表 2-3　MS 在 SBC-REQ 和 PKMv2 SA-TEK-Request 中授权组合含义

值			描述	范围
Bit#0&4	Bit#1&5	Bit#2&6		
0	0	0	无授权（MS 不能提供任何授权策略）	SBC-REQ PKM-REQ
0	0	1	N/A	
0	1	0	单一 EAP	
0	1	1	EAP+Authenticated EAP 模式	
1	0	0	单一 RSA 授权	
1	0	1	单一 RSA 或者 RSA+Authenticated EAP 模式	
1	1	0	单一 RSA 或单一 EAP 或 RSA+EAP_Based 模式	
1	1	1	单一 RSA 或单一 EAP 或 RSA+EAP_Based 模式 RSA+Authenticated EAP 或 EAP+Authenticated EAP	

在 SBC 申请时，MS 应当将自己支持的授权策略通过 SBC-REQ 消息通告 BS，并由 BS 进行选择。表 2-3 描述了 MS 可能支持的授权策略。该表说明在 SBC-REQ 和 PKMv2 SA-TEK-Request 消息中 'Authorization Policy Support' 域 Bits # 0—2 和 Bits # 4—6 取值组和表达的含义。

当 BS 收到了 SBC-REQ 后，将回应一条 SBC-RSP，其中包含了应答选择的授权策略。表 2-4 描述了在 SBC-RSP 和 PKMv2 SA-TEK-Response 消息中 Bit#0—2 不同取值组合代表的授权策略。当然如果在 SBC-RSP（回应）消息中该属性的所有位都为 0，则说明 BS 和 SS 之间不应当使用授权策略。

表 2-4　SBC-RSP 取值组合含义

取值			描述	范围
Bit#0	Bit#1	Bit#2		
0	0	0	无授权	SBC-RSP PKM-RSP
0	0	1	N/A（Not Available）	
0	1	0	单一 EAP	
0	1	1	EAP+Authenticated EAP 模式	
1	0	0	单一 RSA	
1	0	1	RSA+Authenticated EAP	
1	1	0	RSA+EAP	
1	1	1	N/A（Not Available）	

由表 2-2，2-3，2-4 我们可以看到，在 IEEE 802.16e 版本中，通过这些二进制

位不同的取值组合,产生了 5 种认证模式:RSA、EAP、RSA +EAP_Based、RSA-Authenticated EAP、EAP-Authenticated EAP,而不仅仅是相关文献探讨的 4 种。由于不同认证模式对应着不同的认证流程和密钥产生层次,因此这些不同的认证模式又会带来不同的 AK 产生机制。认证流程的不同也意味着认证协议的交互信息不同,以及不同的认证协议步骤。同时当认证模式涉及 EAP 方法时,又由于 EAP 方法的多种选择,使得 PKMv2 的认证协议更加丰富,但也带来了认证协议流程的多样化和复杂性。在针对认证协议的研究中,不同的认证协议流程意味着潜在的不同的攻击手法。因此本部分针对 PKMv2 不同认证模式的 EAP 方法选取、设计的安全性证明,将依据设计的认证流程展开。

2.5 PKMv2 密钥层次

在 PKMv2 中,通过密钥层次定义系统中存在哪些密钥和密钥间的产生依据。通过相应的框架管理和规范,来确定不同认证机制下的密钥产生办法。PKMv2 的密钥层次如图 2-7 所示。

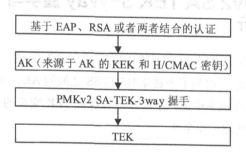

图 2-7 PKMv2 密钥层次

PKMv2 使用两种认证机制——RSA 和 EAP,相应有两种不同的密钥材料来源。RSA 认证产生 pre-Primary AK(pre-PAK),EAP 认证产生 MSK(Master Session Key)。同时在 PKMv2 中为了抵抗如 2.2.3 中所述的消息重放、篡改攻击,使用消息摘要保护消息一致性。其中消息摘要密钥以及传输密钥的加密密钥都是来源于某种认证方式产生的密钥材料。在 IEEE 802.16e 中所有密钥的生成都遵从标准规定的密钥层次,并且所有 PKMv2 密钥的产生都基于 Dot16KDF 算法。

AK 的生成来源于 PMK(基于 EAP 的授权过程)和 / 或 PAK(基于 RSA 的授权过程)。使用 PAK 或者还是 PMK 则依赖于在 SBC-REQ/RSP 消息中授权策略支持域(Authorization Policy Support field)中的值。由于使用了两种认证协议,相应密钥材料 PAK 和 PMK 用于产生 AK 的方式如图 2-8 所示。

If (PAK and PMK):
    AK ← Dot16kdf(PAK ⊕ PMK，SS MAC Address | BSID | PAK | "AK", 160)
Else If (PMK and PMK2):
    AK ← Dot16kdf(PMK ⊕ PMK2，SS MAC Address | BSID | "AK", 160)
  Else
    If (PAK)
      AK ← Dot16kdf(PAK，SS MAC Address | BSID | PAK | "AK", 160)
    Else
      AK ← Dot16kdf(PMK，SS MAC Address | BSID | "AK", 160)
    ENDIf
  ENDIf
ENDIf

图 2-8　IEEE 802.16e PKMv2 AK 生成办法

2.6　PKMv2 SA TEK 3-Way 握手与 PKMv1 TEK 交换的比较分析

为了解决 PKMv1 在 TEK 交换中的问题，如 2.2.3 所述，PKMv2 定义了一个 PKMv2 SA TEK 3-Way 三次握手来建立 BS 和 SS 之间的 AK，其类似于 802.11i 的四次握手[77][78][79]。并且在握手中加入了随机数以保证 TEK 交换的完整性与时效性，由此来保证之后的数据传输的安全性。

2.6.1　PKMv2 SA TEK 3-Way 消息格式

1. PKMv2 SA-TEK-Challenge message

表 2-5　PKMv2 SA TEK Challenge 消息

属性	内容
BS_Random	一个 64 位的随机数
Key Sequence Number	AK 序列数
AKID	AK 的 AKID
Key Lifetime	PMK 的生存周期，仅在初始化认证或者重认证中使用 EAP based 方法时包含该属性
HMAC Digest/CMAC Digest	消息验证码

在初始化网络进入或者重新认证授权时，BS 发送 PKMv2 SA-TEK-Challenge 消息作为第一步。BS 将在完成认证授权后，向 MS 发送该消息。消息属性如表 2-5 所示。

2. PKMv2 SA-TEK-Request message

MS 接收 BS 的 KMv2 SA-TEK-Challenge 消息后，验证 HMAC/CMAC 值正确，则向 BS 发送一条 KMv2 SA-TEK-Request 消息。消息属性如表 2-6 所示。

表 2-6　PKMv2 SA TEK Request 消息

属性	内容
MS_Random	MS 随机产生的一个 64 位的随机数
BS_Random	SS 接收到的 SA-TEK-Challenge 消息中的 BS 随机数
Key Sequence Number	AK 序列数
AKID	AK 的 AKID
Security-Capability	描述申请 MS 的安全能力
Security Negotiation Parameters	如 PKM 版本号、PN 尺寸、认证策略、消息验证函数
PKMv2 configuration settings	PKMv2 的配置（由 TLV 元组组成）
HMAC Digest/CMAC Digest	消息验证码

3. PKMv2 SA-TEK-Response message

作为 3-way SA-TEK handshake 的最后一步，BS 发送 PKMv2 SA-TEK-Response 消息。消息属性如表 2-7 所示。

表 2-7　PKMv2 SA TEK Response 消息

属性	内容
MS_Random	来自于 MS 一个 64 位的随机数
BS_Random	BS 随机数
Key Sequence Number	AK 序列数
AKID	AK 的 AKID
SA_TEK_Update	一个复杂的 TLV 列，该列的每一个都定义着一个 SA 指示符 SAID 和相应的该 SA 的特性。这个属性仅在重入网时被使用到。
Frame Number	数目绝对值，在该数目以内的旧 PMK 和其相关的 AK 都应当被丢弃。
（One or more）SA_Descriptor(s)	每一个 SA_Descriptor 属性代表一个 SAID 和其相关特性，仅用于初始化进入。
Security Negotiation Parameters	如 PKM 版本号、PN 尺寸、认证策略、消息验证函数
HMAC Digest/CMAC Digest	消息验证码

2.6.2　PKMv2 SA–TEK 3–way 流程

本部分仅对非切换状态下的 PKMv2 SA-TEK 3-WAY 握手进行分析。在 3 路握手前，BS 和 SS 应当进行了某种认证模式的身份认证并获得 AK 授。双方基于授权密钥 AK，产生了一个共享的 KEK 和 HMAC/CMAC_U/D 密钥，以保护在 UL\DL 方向上数据通信的完整和一致性。PKMv2 SA-TEK 3-Way 消息如图 2-9 所示。

```
PKMv2 SA-TEK-Challenge
Message1: BS→MS: BS_Random| AKID |AK_SN | Key_lifetime | H/CMAC

PKMv2 SA-TEK-Request
Message2: MS→BS: MS_Random |BS_Random |AKID |AK_SN | Security Capability | Security Negotiation Parameters | PKMv2
configuration settings |  H/CMAC

PKMv2 SA-TEK-Response
Message3: BS→MS: MS_Random |BS_Random |AKID |AK_SN | SA_TEK_Update | Frame Number | SA_Descriptor(s) | Security
Negotiation Parameters |  H/CMAC
```

图 2-9　PKMv2 SA TEK 3-Way 握手消息

PKMv2 SA-TEK 3- 路握手步骤如下：

在网络初始化进入或者重认证的过程中，BS 将向 SS 发送一条 PKMv2 SA-TEK-Challenge 消息（包含一个 BS 产生的随机数 BS_Random），该消息附带 HMAC/CMAC 值。如果 BS 在 SAChallenge 计时器到期时，没有从 SS 那里收到 PKMv2 SA-TEK-Request 回应，它将重发送先前的 PKMv2 SA-TEK Challenge，直到发送次数达到 SAChallengeMaxResends。如果还没有收到 SS 的 PKMv2 SA-TEK-Request 回应，它将中止该 SS 此次认证。

SS 在收到 PKMv2 SA-TEK-Challenge 后，将向 BS 发送一条 PKMv2 SA-TEK-Request 消息。如果 SS 在 SA TEK Timer 内没有接收到 PKMv2 SA-TEK-Response，则它应该重新发送该申请。SS 可以重新发送 PKMv2 SA-TEK-Request 直至 SATEKRequestMaxResends 次。当到达重发送的最大次数时，它将初始化另一个认证，或者尝试与另一个 BS 连接。在该则消息中 SS 应当将在初始能力协商阶段 SBC-REQ 消息中的安全能力（Security Capabilities Parameters，如表 2-6 所示）包括在安全协商参数属性中。

当 BS 接收到 PKMv2 SA-TEK-Request 消息，将检验 AKID 是否正确。如果 AKID 不可识别，BS 就会忽略这则消息。同时 BS 还需要验证 HMAC/CMAC，如果 HMAC/CMAC 是无效的，则 BS 应当忽略这则消息。并且 BS 应当将 SA TEK Request 消息中的 BS_Random 与接收到的 SA Challenge 消息中的 BS_Random 对照，如果不匹配，则 BS 应当忽略该则消息。此外，BS 必须验证 SS 封装在 Security Negotiation Parameter 中的属性是否与 SS 发送的 SBC-REG 中的安全能力一致。如果不匹配，则 BS 应当将该差异报告给高层，并等待下一步的指令。

在成功验证 PKMv2 SA-TEK-Request 消息后，BS 应当向 SS 发送 PKMv2 SA-TEK-Response。这条消息包含一个复杂的 TLV 序列（分别描述了该 SS 被授权 SA、SA 的指示符 SAID 和额外的属性如类型、密码套件等等）。此外，BS 还应当在 Security Negotiation Parameters 属性中包含他希望与 SS 会话时用到的安全能力（一般情况下，与 SBC-REQ/RSP 过程中保持一致）。此时相当于进行了 PKMv1 在认证阶段的安全能力协商。

对于单播 SA，TEK-Parameters 属性包含与产生 SAID TEK 所有相关的密钥材料。其内容将包含 TEK，TEK 的剩余密钥时间，密钥序列号和 CBC 初始化向量。其中 TEK 由 KEK 加密，HMAC/CMAC 作为该消息列的最后属性。

在接收了 PKMv2 SA-TEK-Response 消息后，SS 将验证其 HMAC/CMAC。如果 HMAC/CMAC 无效，则 SS 将忽略这些消息。SS 也必须比较其中的安全协商参数是否与 SBC-RSP 消息中一致。如果安全能力不匹配，则 SS 将向上一层报告。如果继续保持连接，在这种情况下，SS 将采用嵌入到 SA-TEK-Response 消息中的安全协商参数指示的安全能力。当成功的验证了 PKMv2 SA-TEK-Response 消息，SS 则可以使用 TEK 与 BS 之间进行安全的数据通信。

2.6.3 PKMv2 SA–TEK 3–way 握手与 PKMv1 的比较分析

1. 安全性分析

由于 PKMv2 对认证和通信密钥的分发分别制定了相关的协商过程。在完成了认证之后，才会启用 PKMv2 SA-TEK 3-way 握手。因此此节的安全性能分析是基于 AK 未泄漏的情况，即不考虑认证阶段存在的问题。

- 抵抗重放攻击：

与 PKMv1 在 TEK 交换的两条消息中不同，在 SA-TEK-3-way 握手过程中，SA-TEK-Challenge、SA-TEK-Request、SA-TEK-Response 消息中，均包含有发送方产生的随机数。攻击者在非该场景下使用截获的消息进行重放攻击时，接收方会通过随机数鉴别出该消息不是对上一条消息的回应。因此 PKMv2 SA-TEK 3-way 握手能够有效地抵抗重放攻击。

- 抵抗消息的篡改和插入：

与 PKMv1 中 TEK 的申请与交换过程（如 2.2.2 节所述）相比，PKMv2 SA-TEK 3-way 握手过程中的每一条消息都附带有 C/HMAC 消息验证码。该验证码的加密密钥来源于 AK 产生的 C/HMAC_Key_U/D（参见 2.5 节）。如果攻击者在握手过程中截获任意一条消息，并进行篡改。在不知道 AK 的情况下，攻击者无法计算正确的 C/HMAC 值。这样的篡改，在接收端（消息接收端）会由于验证 H/CMAC 值失败，而导致认证失败。

- 抵抗中间人攻击：

在 2.2.3 节中设计了两种中间人攻击方法。

方法 1，在 PKMv1 中，由于没有 H/CMAC 对消息完整性的保护，攻击人可以篡改 SS 的 Security Capability，使得 MS 与 BS 协商使用较弱的加密算法。当攻击者作为中间人被动窃听足够多的数据流量时（如 56 位 DES-CBC 模式下 232 个数据包），可以获得通信密钥 TEK，并得到想要的通信明文。和 PKMv1 相比，PKMv2 的加密能力协商发生在 TEK 交换阶段。而攻击者如果在 PKMv2 SA TEK 3-Way 握手中对消息进行篡改，在 AK 不泄漏的情况下，会由于 H/CMAC 值不能作相应的更改而会被接收端发现。因此这种攻击不会对认证造成更大的威胁，即泄露 TEK 的情况不会因此而发生。

方法 2，在这种攻击下，攻击人之所以成功，在于可以利用单向认证的特点而伪冒 BS，并且能够篡改 AK。因此对该种攻击方式的抵抗，依赖于认证和授权阶段的安全性，即 AK 分发过程中的篡改能否被发现。显然，该种方式的安全性依赖于身份认证而非 PKMv2 TEK 3-way 握手部分，因此该问题将在接下来的 5 种模式的身份认证分析中探讨。

2. 最近的研究成果

文献 [58] 参考了 Mitchell[80] 简化的 PKMv2 SA-TEK 3-way 模型，使用了静态分析方法[①][81][82] 对 PKMv2 SA-TEK 3-way 消息进行分析。

分析结果表明当将消息 PKMv2 SA-TEK-Response 中的 MS_Random 和 AKID 去掉，其仍然具有安全性。所做的相应改动如图 2-10 所示。

Message1: BS→MS: BS_Random| AKID |AK_SN | Key_lifetime | H/CMAC
Message2: MS→BS: MS_Random |BS_Random |AKID |AK_SN | Security Capability | Security Negotiation Parameters | PKMv2 configuration settings | H/CMAC
Message3: BS→MS:MS_Random | AK_SN | SA_TEK_Update | Frame Number | SA_Descriptor(s) |Security Negotiation Parameters | H/CMAC

图 2-10 文献 [58] 简化的 PKMv2 SA TEK-3Way 握手

如图 2-10，浅色部分为文献 [58] 简化的 PKMv2 SA-TEK-Response 消息。我们可

---

① Static analysis（静态分析方法）一种基于语言的安全分析方法，能有效地检测出协议安全漏洞。其将控制流分析用于变量绑定和消息传输过程。构建参考的检控语义环境，用于考查相应的消息元素是否有效或者失效。

以看出在 Message3 中虽然去掉了一些冗余信息，但仍然有随机数 MS_Random 和 H/CMAC 的保护。因此还是可以抵抗重放攻击，即攻击者此次认证截获该消息在下一次认证进行重放攻击，会由于下一次认证（重认证）BS 端产生的随机数已经发生了改变而被识破。

同时仍然可以抵抗消息的篡改：显然该消息在 H/CMAC 的保护下，依照 PKMv2 SA TEK 3-way 握手机制，任何对消息的篡改都会被发现。

由于 Message1、2 未发生变化，根据上述分析，可以得出该消息同样能够抵抗中间人攻击。

3. PKMv1 和 PKMv2 的计算开销比对

在 PKMv1 TEK 交换中，共有两条消息；而 PKMv2 SA TEK 3-Way 握手过程则采用了三条消息。同时相应的 PKMv1 TEK 和 PKMv2 SA TEK 3-Way、文献 [58] 改进的 PKMv2 TEK 握手在 SS 端和 BS 端的计算开销比对，如表 2-8、表 2-9 所示。

表 2-8 客户端 SS 计算开销比对

	PKMv1 TEK	PKMv2 SA_TEK_3Way	文献 [58]PKMv2 TEK
加解密计算	1 次	1 次	1 次
H/CMAC 运算	2 次	3 次	3 次
伪随机数	0 次	1 次	1 次

表 2-9 BS 端计算开销比对

	PKMv1 TEK	PKMv2 SA_TEK_3Way	文献 [58]PKMv2 TEK
加解密计算	1 次	1 次	1 次
H/CMAC 计算	2 次	3 次	3 次
伪随机数	0 次	2 次	1 次

如图 2-11、图 2-12 所示，无论是在客户端 SS 还是基站 BS 端，TEK 3_Way 握手和 PKMv1 TEK 相比在各项认证开销指标上都偏高。一方面是由于 PKMv2 TEK 3_Way 握手为了保证 TEK 交换过程中消息的新鲜性，在每条消息中均增添了发送端的伪随机数造成了额外的伪随机数函数的运算。同时，为了在 TEK 交换阶段实现 SS 对 BS 的认证，与 PKMv1 TEK 交换相比，多了一条 SA_TEK_Challenge 消息，因此增加了一次 C/HMAC 运算开销。文献 [58] 的改进，虽然比 PKMv1 的计算开销高，但是与原有 PKMv2 SA TEK_3Way 相比，由于减少了第三消息的随机数运算，因此降低了伪随机数函数计算的开销。

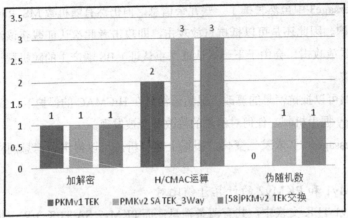

图 2-11 客户端 SS 计算开销比对

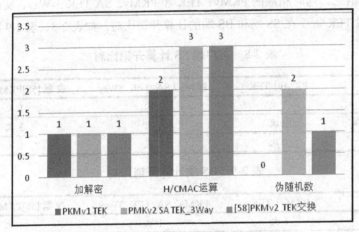

图 2-12 BS 端计算开销比对

4. 结 论

由上述分析看出，基于 AK 未泄漏的情况下，PKMv2 SA-TEK 3-way 的握手机制在增加交换开销的基础上，能够抵抗重放攻击、消息的篡改和伪造，保证了密钥协商和分发过程的安全性。

同时由于 PKMv2 由身份认证和 TEK 交换两部分组成，因此在证明了 TEK 密钥交换是安全的基础上，可以得出这样的结论：

PKMv2 的安全性取决于身份认证阶段，即取决于采用的身份认证方法（5 种认证模式下的认证方法）的安全性。因此本部分接下来的章节将围绕 5 种认证模式下的认证机制、流程进行方法的选取、改进和优化。

2.7 PKMv2 认证协议问题

1. 从 PKMv2 的认证协议规范的角度上来讲

（1）缺乏 EAP 认证方法的选取：

如 2.4 所述，PKMv2 与 PKMv1 相比，新增了 EAP 认证方法，并将 RSA 认证作了相应改进，采用双向认证。同时通过两种认证方法的组合，定义了 5 种认证模式。但是 PKMv2 除了对 RSA 双向认证有一个明确定义外，对涉及 EAP 认证协议的方法选取没有提供基于 IEEE 802.16e 特性的选取依据。这使得设备制造商在采用该标准进行系统设计时无据可查。

（2）缺乏认证流程说明和相应的安全性分析：

在 PKMv2 中，由于没有对涉及 EAP 方法的 5 种认证模式的认证方法进行选取和说明，进而缺乏相关的 5 种模式下的认证流程规范。因此认证机制和模式设计就依赖于不同设备供应商提出的解决方案，这势必会造成 WiMAX 进行设备一致性检测的障碍。相应的，对于这些采用了 EAP 方法的认证模式，在没有选定 EAP 方法协议时，不能进行相应的安全性探讨，因此从这个角度上来说，PKMv2 的安全性还处在一纸空文的状态。

（3）缺乏重认证流程说明和相应的安全性说明：

由于没有相应的 5 种模式的认证方法和流程的定义，则相应的重认证机制也没有得到说明和规范，该标准还很不完善。

2. 从单播认证协议的安全性来讲

从单播认证协议的角度上来说，2.6.3 论证了 IEEE 802.16e 认证协议密钥分发机制 PKMv2 TEK 3-Way 消息交互过程的安全性。

由于 PKMv2 由身份认证和随后的 TEK 交换（SA TEK 3-Way 握手）组成，因此在 TEK 分发过程安全的前提下，PKMv2 的安全性应当依赖于身份认证。即 IEEE 802.16e PMP 结构下认证协议的安全性，依赖于 PKMv2 支持的 2 种认证协议和其上 5 种认证模式。故 PKMv2 中涉及身份认证的 EAP 方法选取问题、认证流程说明问题、重认证规范和优化问题，成为 PKMv2 中决定单播认证协议安全的关键因素。

总体来说，虽然 PKMv2 与 PKMv1 相比，增添了许多新的特性，是一个重载的安全机制版本，但是在许多方面还存在着遗缺和模糊等着研究者去填充和完善。

2.8　本章小结

本章首先对 PKMv1 的认证协议安全性进行了分析，并根据其安全漏洞，构造了相应的攻击方法，如重放攻击、消息的篡改和插入、中间人攻击。特别的，在中间人攻击中，提出了两种有效的攻击手段，证明了 PKMv1 的 RSA 单向认证存在极大的安全隐患。

接下来，通过与 PKMv1 的比较，对 PKMv2 的安全机制进行了一个概述性的介绍。并且针对认证协议的身份认证，依据 IEEE 802.16e 中 SBC-REQ/RSP 消息"Authorization Field"的取值定义，归纳了在 PKMv2 中存在的 5 种认证模式。

通过 PKMv2 SA-TEK-3way 与 PKMv1 的 TEK 交换过程的比较分析，借鉴已有的研究成果，证实了该过程的安全性。因此也得出了 PKMv2 认证协议的安全重点依赖于身份认证，即 2 种认证协议组合下的 5 种认证模式的安全性。由此提出了 PKMv2 认证协议存在的问题和研究的重点。

第 3 章　PKMv2 EAP 认证方法需求分析与选取

3.1　EAP 方法概论

IEEE 802.16 PKMv2 中认证方式采用了 EAP-扩展认证协议（Extensible Authentication Protocol），但在 16e 中未对其进行详细说明。这里我们将依据 RFC 3748 对 EAP 进行概要性的说明。

EAP 扩展认证协议定义了一个可以支持多种认证方法的通用框架。在不需要 IP 支持下，EAP 不仅有自己的消息传送框架，而且也依赖于下层实现。EAP 的特性之一是提供认证方法的灵活性，并且认证方法的指定并不在链路控制阶段，而是把这个过程推迟到认证阶段。EAP 可以支持多种认证机制，由认证方在（Authenticator）获得足够信息后选择用哪一种认证方法，而不需要预先协定。同时 EAP 允许使用后台服务器，并把全部或部分认证请求转发给后台服务器，因此认证方不需要为支持新的认证方法而经常升级。

在 EAP 框架下，由以下部分组成：

- 认证者 Authenticator：发起 EAP 认证的链路终端。
- 对等对 Peer：回应认证者的链路终端，在 802.16e 中该链路终端等同于 MS/SS。
- 恳请者 Supplicant：在 802.1X 中定义为对应与认证者 Authenticator 的链路终端（在这里等同于对等对）。
- 后台认证服务器 Backend Authentication Server：向 Authenticator 提供认证服务的实体。该服务实体向 Authenticator 提供 EAP 方法支持。
- AAA（Authentication，Authorization，Accounting）协议。EAP 可以支持

的 AAA 协议包括 RADIUS[RFC 3579][83] 和 Diameter[DIAM-EAP][84]，事实上 AAA Server 和后台认证服务器这两种说法可替换使用。

EAP 数据包格式如表 3-1 所示。在该数据包中有 Code（代码）、Identifier（标识符）、Packet Body Length（数据包长度）、EAP Type （EAP 数据包子类型）、Type-Data（类型—数据）五个字段域，各域都按照从左到右的顺序在网络中传送。其中，Code 字段为一个字节长度，表示 EAP 数据包类型，如表 3-2 所示。

表 3-1　EAP Code 数据包格式

Code	Identifier	Packet Body Length
EAP Type		
Type-Data		

表 3-2　EAP Code 定义

Type	代表类型
1	Identity 用户身份
2	Notification 通知
3	NAK Response 无应答
4	MD5 Challenge 质询
5	One Time Password（OTP）一次性密码
6	Generic Token Card 通用令牌
13	EAP-TLS （OxOd）
21	EAP_TTLS （Ox15）

Identifier 字段为一个字节长度，用于匹配请求与应答。EAP Type 字段为一个字节长度，标识 EAP 数据包中 Data 字段的类型。EAP Type 字段值分配如表 3-3 所示。

表 3-3　EAP 数据包类型

Code	代表类型
1	EAP_Request EAP 认证请求
2	EAP_Response EAP 认证响应
3	EAP_Success EAP 认证成功
4	EAP_Failure EAP 认证失败

Type-Data 字段长度不定，不同的 EAP Type 对应不同的 Type-Data 值。有关 EAP 方法将在下一节中进行介绍和比较分析。

协议交互过程如图 3-1 所示。

第 3 章 PKMv2 EAP 认证方法需求分析与选取

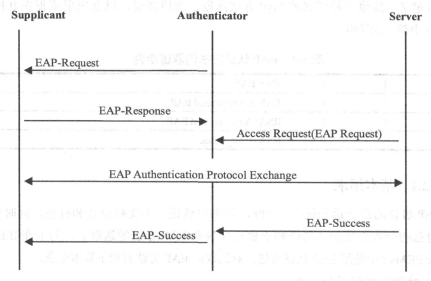

图 3-1 EAP 过程简图

（1）在链路阶段完成以后，认证方向恳请者（对等对）发送一个或多个请求 Request 报文。在请求报文中有一个类型 Type 字用来指明认证方所请求的信息类型，例如是 TLS。认证方首先发送一个 ID 请求报文，随后再发送其他的 Request 报文。

（2）申请者（对等对）对每一个请求报文回应一个应答报文。和请求报文一样，应答报文中也包含一个类型字段，对应于所回应的请求报文中的类型字段。

（3）认证方通过发送一个成功或者失败的报文来结束认证过程。

3.2 IEEE 802.16e 对 EAP 使用方法的需求

根据 2.4 节中对 SBC-REQ/RSP 'Authorization Policy Support' 域 Bit#0-Bit#5 取值定义，当 SBC-RSP 的 'Authorization Policy Support' Bit#0-Bit2 为表 3-4 取值组合时，在接下来的初始网络认证中将使用到相应的 EAP 模式认证。从数值组合上来看，有四种认证和授权模式涉及 EAP 方法。这四种模式分别为：

- 单一 EAP 模式；
- EAP-EAP（EAP-Authenticated EAP）模式；
- RSA-EAP（RSA+Authenticated EAP）模式；
- RSA-EAP（RSA+EAP-based Authentication）模式。

这四种模式，在 IEEE 802.16e 中仅有 EAP-EAP 模式有 MAC 层消息格式和认证流程定义。其他三种模式的 EAP 方法选取、应用场景，以及应用流程在 IEEE 802.16e 中都未做说明。

表 3-4 EAP 认证方法的取值组合

0	1	0	单一 EAP
0	1	1	EAP-Authenticated EAP
1	0	1	RSA+Authenticated EAP
1	1	0	RSA+EAP_Based

3.2.1 基本须求

EAP 协议的设计最初仅支持 PPP，为单向认证，不支持分片和打包，同时也没有消息的一致性保护（其依赖于底层实现和 EAP 方法的选取）。为了在 IEEE 802.16e PKMv2 中使用 EAP 认证方法，对选取的 EAP 方法有如下基本要求。

1. 对称密钥材料的产生

可以通过 EAP 方法产生密钥材料，例如 MSK（Master Session Key），以及 EMSK（Extended Master Session Key）。MSK 不直接提供 EAP 会话和其间的数据传输，其仅用于保护之后的密钥材料的产生。

2. 自我保护

由于无线局域网的物理介质不是很安全，因此认证方法必须能够保护自己不被窃听。其意味着，即使窃听者窃听到会话过程，也不能正确地得到相应的密钥或者明文，并且不能使用获得的信息作为以后伪装合法用户的有用的信息。

3. 密钥强度

一个 EAP 方法产生的 MSK 最小为 64Byte，EMSK 最小为 64Byte。

4. 对双向认证的支持

由于 EAP 是基于单向认证的，若要完成双向认证，则依赖于 EAP 方法的提供。在无线网络环境下，相互认证非常重要，否则攻击者将很容易建立一个伪冒无线接入点 BS，从而对用户进行攻击。

5. 状态一致性

当采用的 EAP 方法成功完成时，EAP peer 和 Server 端应该保持状态的一致性。这些状态信息根据采用的 EAP 方法的不同而不同，但基本包括方法的版本号、双方接受的证书类型、共享的密钥、协商的特定 EAP 属性如密码套件和所有协议状态的限制约定等等。并且 EAP peer 和 Server 能够区分该协议的使用状态，并且知道哪些状态属性是公开信息，哪些是双方的私密信息。

6. 抵抗字典攻击（Dictionary Attack）

抵抗字典攻击。认证方法必须不受联机或是脱机状态下字典攻击的影响。联机状态的字典攻击是指，攻击者冒充用户向认证服务器重复发送试图连接网络的请求。这种攻击可以通过限制一个用户可以拥有的最多失败认证次数来阻止。脱机状态的字典攻击指的是，攻击者在自己的机器上向认证服务器重复发送试图连接网络的请求，如果他们获得一对简单的"挑战/响应（Challenge/Response）"对，他们就可以在字典中尝试所有的口令，看哪一个口令产生"挑战"想要的"响应"，从而获得用户的口令，因此简单的"挑战/响应"方法对脱机状态的字典攻击很敏感。

如果 EAP 方法中认证算法易于受字典攻击，那么该会话应当使用额外的隧道方法。而隧道方法的使用使得 EAP 易受中间人的攻击[85]。

7. 抵抗中间人攻击（Man in the middle）

为了有效地抵抗中间人攻击，要求 EAP 方法能够提供：

- "密码绑定 Cryptographic binding"，其意味着在某一个隧道方式中，认证的 Authenticator 和 Supplicant 可以认证双方。
- "完整性保护 Integrity protection"，这里指对 EAP 数据包（包括 Request 和 Response）信息提供数据初始的认证和保护，以防非授权的更改。
- "重放攻击保护 Replay protection"，保护 EAP 方法的消息包括其 Success 和 failure 消息不受重放攻击。
- "会话独立性 Session independence"：即无论是被动攻击（例如劫持 EAP 会话）还是主动攻击（包括解获 MSK 或者 EMSK）都不会影响到上一个或下一个会话的 MSK 或者 EMSK。

3.2.2 特性需求

由于 IEEE 802.16e 标准旨在 IEEE 802.16d 固网版本上增添支持移动的新特性，这使得其在认证模式 EAP 方法选取上要满足相应的特点[86][87][88]：

1. 快速有效

认证方法应当尽量减少协议交互回合，同时也尽可能地减少需要使用的计算资源以完成认证过程所需要的计算量。

2. 用户身份认证

对用户身份的认证。在 PKMv1 或者 16d 版本中，基于 X.509 证书的认证都是设备认证。PKMv2 中，通过引进两轮 EAP 认证或 RSA+EAP 认证实现同时的设备认证和用户认证。事实上，对于移动设备来说，同一个设备可以由多个不同用户使用，用户身份认证可以区分合法用户和非法用户，同时也增加对用户设备攻击的难度。

3. 低维护成本

认证方法应当易于网络管理员管理。对于需要在认证服务器和用户设备上都安装证书的认证方法，既不利于管理员管理，也增加了用户设备对存储空间的需求，并且用户证书的管理（如证书撤销单的维护）是非常昂贵的管理负担。

4. 认证方法的可扩充性

认证方法可以将无线认证方法和传统的认证方法相结合，从而增强一个低安全性能的传统方法的安全性。当传统方法不能很快被新方法替代时此特性特别适用。

5. 快速的重认证

在重认证时，可以通过忽略不必要的步骤，提供快速的重认证机制。

6. 快速的重接入

IEEE 802.16e 由于移动特性，使得 MS 在 HO（HandOver）时，面临重入网认证问题。则选取的认证方式应该尽量简单，如最短交互回合，尽量少的计算量等。

7. 多网融合

与 3G 网络和 GSM 网络融合，即用户凭证、认证体系可以兼容 3G 和 GSM 网络。

3.2.3　IEEE 802.16 e EAP 消息封装格式

1. PKMv2 EAP_Start 消息

在 PKMv2 中用户移动站 MS 利用 PKMv2 EAP_Start 消息发起 EAP 方法认证。该消息不带负载。当进行重认证时，该消息将会包括"HMAC Digest/CMAC Digest"和"Key Sequence Number"属性。在初始化 EAP 认证时，这些属性将会被忽略。消息属性如表 3-5 所示。

表 3-5　PKMv2 EAP_Start 消息

属性	内容
Key Sequence Number	AK 序列数
HMAC Digest/CMAC Digest	用 AK 生成的消息验证码

2. PKMv2 EAP Transfer Message

当 MS 需要将 EAP 方法中交换的信息发送给 BS 时，或者 BS 需要将交换的信息发送给 MS 时，它们均须将该信息作为 EAP 负载封装在 PKMv2 Transfer 消息中。当进行重认证时，"HMAC Digest/CMAC Digest"和"Key Sequence Number"属性应当包含在内。消息属性如表 3-6 所示。

表 3-6　PKMv2 EAP Transfer 消息

属性	内容
EAP Payload	包含 EAP 认证数据
Key Sequence Number	AK 序列数
HMAC Digest/CMAC Digest	用 AK 生成的消息验证码

3. PKMv2 Authenticated EAP Transfer messages

该则消息应用于 Authenticated EAP-based 授权（如果在 SBC-REQ/RSP 协商交互中制定了该授权策略）。特别是，当 MS 或者 BS 已经进行了一轮 EAP 方法，继续交换一个基于 EIK 保护下的 EAP 负载时，应当将该负载封装在 PKMv2 Authenticated EAP Transfer messages 中。消息属性如表 3-7 所示。

表 3-7　PKMv2 Authenticated EAP Transfer 消息

属性	内容
Key Sequence Number	PAK 序列数
EAP Payload	包含 EAP 认证数据
HMAC Digest/CMAC Digest	使用 EIK 生成的消息验证码

CMAC-Digest 或者 HMAC Digest 属性应当作为该消息的属性列的最后一条。包含有该属性使得 MS 和 BS 可以将前一个授权和接下来的 EAP 认证通过消息摘要绑定。CMAC 或 HMAC 的消息摘要加密密钥来自于 EIK。PAK Sequence Number 属性代表 PAK 的序列号，并且仅在"Authenticated EAP after RSA"模式下使用。

4. PKMv2 EAP Complete 消息

在双 EAP 模式下（EAP after EAP），BS 通过发送附带有 EAP-Success 消息的 PKMv2 EAP Complete 消息，向 MS 通告完成第一次 EAP 对话。这个消息仅限于 MS 和 BS 的 EAP-EAP 认证模式。Key Sequence Number 和 HMAC/CMAC Digest 属性仅在重认证中出现。消息属性如表 3-8 所示。

表 3-8　PKMv2 EAP Complete 消息

属性	内容
EAP Payload	包含 EAP 认证数据
Key Sequence Number	上一轮双 eap 模式产生的 AK 序列号
HMAC Digest/CMAC Digest	初始化认证使用 EIK 生成的消息验证码。重认证采用 AK 生成的消息验证码。

5. PKMv2 Authenticated EAP Start 消息

在双 EAP 模式中（EAP after EAP），MS 向 BS 发送 PKMv2 EAP Authenticated

EAP Start 消息来启动第二轮 EAP 认证。该条消息使用第一次 EAP 方法中产生的 EIK 产生消息验证码来保护该消息。并且该则消息仅用于双 EAP 的初始化认证。

表 3-9 PKMv2 Authenticated EAP_Start 消息

属性	内容
MS Random	MS 产生的随机数
HMAC Digest/CMAC Digest	使用 EIK 生成的消息验证码

3.3 现有的 EAP 方法

虽然 PKMv2 未对 EAP 方法进行指定，但是在实际应用中，EAP 方法的选择影响了认证和授权过程的安全性。这一节我们将对现有的 EAP 方法根据 3.2.2 节提出的需求进行分析。如 1.1 节所述，相应的 EAP 方法也可按使用的 Identity 的类型分为"password"用户口令类型、"certificate"证书类型以及基于"SIM"智能卡类型。

3.3.1 证书类型

1. EAP-TLS

EAP-TLS（传输层安全）方法，通过采用 EAP 支持的 TLS 公钥证书认证机制从而提供客户端与服务器之间的相互认证。该方法要求客户端和服务器双方都持有由他们彼此皆信赖的第三方所发放的数字证书，这里的第三方就是 CA（Certificate Authority）。EAP-TLS 方法的安全性能相比较其他方法是最高的。EAP-TLS 认证系统中每个终端都需要安装 TLS 证书。该协议可以支持 RSA 证书或者 DH 证书。其缺点是证书管理方面的困难。EAP-TLS 的流程图如图 3-2 所示。

第 3 章 PKMv2 EAP 认证方法需求分析与选取

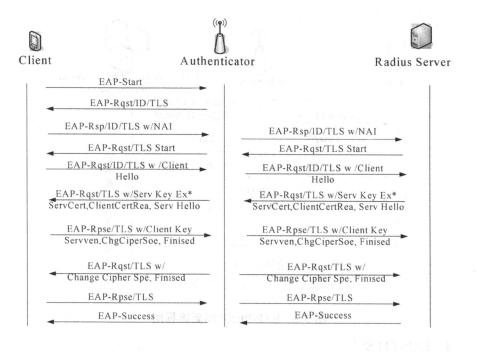

图 3-2 EAP-TLS 认证流程

2. PEAP[89]

PEAP（Protected EAP，受保护的可扩展认证协议）方法只需要服务器端的证书而不需要客户端的证书，从而简化了认证过程的安全结构。其认证过程分为两个阶段：第一阶段 TLS 握手阶段，进行服务器的单向认证。第二阶段隧道阶段，通过第一阶段的认证建立起一个加密信道，在该信道的保护下，对客户端进行认证。认证流程如图 3-3 所示。PEAP 方法有效地扩充了那些缺少一个或多个特性的传统 EAP 方法。该协议客户端不需要公钥证书，同时有较好的扩展性。

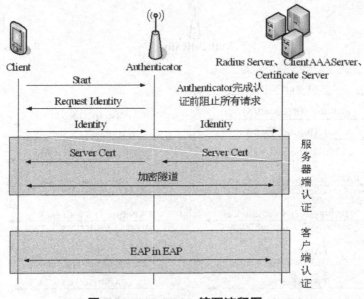

图 3-3　EAP-PEAP 简要流程图

3. EAP-TTLS[90]

EAP-TTLS 认证是基于隧道的安全认证技术，是 EAP-TLS 认证的扩展，能够提供客户端和服务器之间的双向认证和动态密钥分发，可与现有的 Radius 体系结构无缝兼容。它和 PEAP 非常相似。认证也分为两个阶段，不同的是，第二阶段其可以采用的方法不仅仅限于 EAP 支持的方法，同时还可以支持其他方法。TTLS 可以很方便地定义新的 attribute 来支持新的方法。EAP-TTLS 方法由 Funk Software 和 Certicom 公司开发。使用客户端和服务器端软件需要收费。

本节讨论的一系列 EAP 认证方法由于使用了基于公共密钥的证书和传输层安全协议，为无线局域网提供了强大的安全保证，然而这些方法也存在一些问题：

- 管理开销大，基于证书方法最大的不足就是管理证书工作量大。
- 协议交换次数多。即完成一次认证所需要在客户端和服务器端间进行多次连续的协议信息交换（交互轮回）。
- 不是对用户而是对用户设备进行认证。

3.3.2　口令类型

目前常见的用户口令类型分别为：

1. EAP-MD5 认证[91]

该机制是通过要求用户的用户名和口令来进行用户身份认证的。并且通过 MD5 消息 Hash 算法加密该用户口令，传递给 RADIUS 服务器。但该认证类型是单向认证，极易受中间人攻击。同时该方法不产生会话密钥，也不能抵御字典攻击，用户的密码容易被攻击者在信道上实施流量分析而导出。

2. LEAP[92]

LEAP（Lightweight Extensible Authentication Protocol，轻量级可扩展认证协议）是 Cisco 公司的轻量级可扩展认证协议，该协议基于双向（相互）认证。但是 LEAP 方法不能抵御字典攻击，而且由于 LEAP 为 Cisco 公司所私有，因此它不能用在其他厂商生产的 AP 设备上。

3. SPEKE[93]

SPEKE（Simple Password — authenticated Exponential Key Exchange）是已知的强壮的密钥交换和认证协议中最简单的一种，该协议的工作机制分为两个阶段：密钥交换阶段和密钥认证阶段。采用 SPEKE 算法，即使是用很小的口令也能很好地防范攻击。

在无线网络环境下采用基于口令的认证方法比基于证书的认证方法更加方便和经济。显然，此时对基于口令的认证方法[94][95]有了新的要求，因为它也不可避免地存在着弱点，比如它们特别容易遭受离线的字典攻击。

3.3.3 智能卡类型

1. EAP-SIM[96][97] 模式（Type 18）

EAP-SIM 是可扩展认证协议（EAP）中的一种认证类型，协议指出了无线局域网与用户间通过使用 SIM（GSM Subscriber Identity Module）进行相互认证以及会话密钥分发的机制。EAP-SIM 是一种共享密钥认证方式，使用改进的 GSM 认证方式来支持双向认证。该协议完成了隐性密钥认证，并采用了随机数来保证会话的新鲜性。在接入过程中，EAP/SIM 协议允许使用全认证及可选的假名认证和重认证机制。重认证时用户使用假名而不是 IMSI 移动用户标志（International Mobile Station Identity）接入 WLAN，减少了用户标识被窃听而导致被攻击的可能。

但是该协议没有共享密钥的更新机制，一旦 Applicant（MS）和 Authentication Server 之间的共享密钥泄漏，则所有之后的和之前的会话将不再保密。并且用户凭证 NAI 在无线链路上是明文传送，存在潜在威胁。

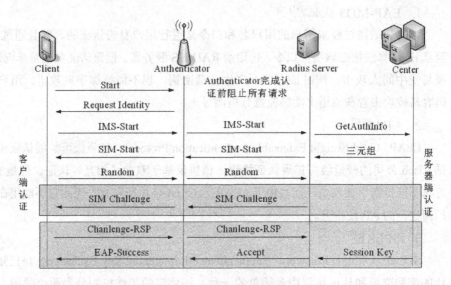

图 3-4　EAP-SIM 简要流程图

2. EAP-AKA[98]

类似于 EAP-SIM 认证，EAP-AKA（Extensible Authentication Protocol_Authentication and Key Agreement）认证是 3GPP 研究的一项 3G 和 WLAN 融合的认证方案，其基于对称密钥认证，是一个双向认证方法。EAP-AKA 使用移动电信系统（UMTS）用户身份模块而不是 SIM（GSM Subscriber Identity Module）进行身份验证。其认证方式和 AKA 基本一致，即采用随机数保证密钥和消息的新鲜性，抵抗重放攻击，为隐性密钥认证。由于采用了假名认证和重认证机制方法，该协议支持重认证和切换时的快速认证。

EAP-AKA 是专门为 WLAN 与 3G 网络互通提出的认证方案；而 EAP-SIM 是专门针对 WLAN 与 GSM 网络互通提出的认证方案。事实上，由于通信界对 3G 网络的发展和推动，使得 IEEE 802.16e 在不久的将来考虑如何进行异网的融合。从这个角度看，EAP-AKA 方法将是更适合 IEEE 802.16e 版本的认证方式。

3.4　基于 16e 需求的 EAP 方法比对和选取

3.4.1　EAP 方法比对

表 3-10 列举了各种方法的安全特性。相应的安全特性，为"否"取值 1，"是"

取值0,根据所列举的8项,得出每一种EAP方法的综合安全值,如表3-10的第10行。

表3-10　EAP方法比对

	MD5	LEAP	SPEKE	TLS	TTLS	PEAP	SIM	AKA
支持加密密钥派生	否	是	是	是	是	是	是	是
支持双向认证	否	是	是	是	是	是	是	是
自保护	是	是	是	是	是	是	是	是
抵抗字典攻击	否	否	是	是	是	是	是	是
抵抗MIM攻击	否	是	是	是	否	否	是	是
密码套件协商保护	否	是	是	否	是	是	是	是
用户身份隐藏	否	否	否	是	是	是	否	否
快速重连接	否	是	否	否	是	是	是	是
安全值	1	5	6	6	7	7	7	7
EAP类型	4	56	41	13	21	25	18	23

在这些方法中,可以按照认证对象划分,即用户认证或设备认证。

1. 基于用户认证

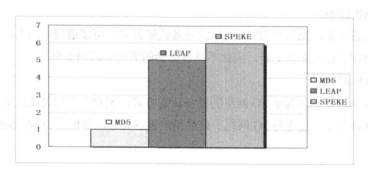

图3-5　用户认证EAP方法安全值比对(纵坐标为安全值)

● MD 5:

该方法是传统的EAP方法,并广泛地应用于在信息安全领域。2004年8月16日美国加州圣巴巴拉国际密码学术会议上,山东大学教授王小云带领的研究小组宣读的学术报告中指出了其破解方法。

● LEAP:

不能抵抗字典攻击。

● SPEKE:

基于用户口令的双向认证方法,可以抵抗字典攻击、算法简洁。为用户认证方法。

如图3-5所示,在MD5、LEAP、SPEKE方法的安全值比较中,可以看出,

SPEKE 明显地优于另外两种方法。因此当在 PKMv2 中进行用户认证的 EAP 方法选取时，建议采用 SPEKE 方法。

2. 基于设备的认证

- EAP-TLS：

基于证书的认证方式，安全性强，可抵御中间人攻击。但是需要在用户端安装证书。证书的管理维护复杂困难。

- EAP-TTLS：

EAP in EAP 认证模式，混合型的认证方式。仅需要在认证服务器端安装证书。第二轮认证方法的选择，不受 EAP 目前支持的传统方法限制，可以支持多种方法，有良好的扩充性。安全性强，用户凭证在加密的 TLS 隧道上传送。同时可以支持快速重认证。并且可以定义新的 attribute 来支持新的协议方法。

- EAP-PEAP：

EAP in EAP 混合型的认证方式。和 TTLS 相似可支持快速重认证，但是其只能支持 EAP 方法，所以扩展性不如 TTLS。

- EAP-SIM：

双向设备认证，来源于 GSM 网络的设备认证方式。可能遭到中间人攻击。预存主密钥在每次认证时不能更新，因此不具备会话的前向和后向安全。

- EAP-AKA：

双向设备认证，来源于 3G 网络的设备认证方式。预存主密钥每次认证时不能更新。采用该种方式，使用与 3G 网络一致的用户设备凭证，可以与 3G 网络进行融合。

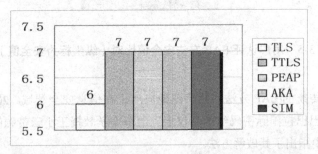

图 3-6 设备认证方法安全值比对（纵坐标为安全值）

如图 3-6，根据表 3-10 给出的安全值，可以看出 TTLS、PEAP、SIM、AKA 的安全要求均比 TLS 高。因此对于排除 TLS 方法以外的 4 种安全值相同的 EAP 方法的比较和选取，将在 3.4.2 节中依据 PKMv2 要求特性进行 EAP 方法的选取。

3.4.2 PKMv2 认证方法选取

根据 3.2 节对 16e 认证方法的特性要求，结合 3.3 节中对各种 EAP 方法的介绍和分析。本子节对采用了 EAP 方法的 4 种模式即 RSA-Authenticated EAP、RSA-EAP、EAP、EAP-Authenticated EAP，进行 EAP 方法初步的选取。

1. RSA-EAP

该种模式下使用了两种认证方法：RSA 认证和 EAP 认证。在 IEEE 802.16e 标准 7.8.2 节中对该种模式进行了说明。即在这种模式下，BS 双向认证可能发生在两种操作模式下。在第一种模式下，仅使用了 RSA 双向认证。在第二种模式下，在 RSA 双向认证后使用 EAP 认证。但在第二种模式下，双向认证 RSA 仅仅发生于网络的初始进入，而 EAP 认证则仅用在网络重进入（如 MS 移动到 Target BS 时，发生网络重进入）时。也就是说无论是在网络初始化进入还是在网络重进入时，该认证模式不是作为一个整体发生的。

对于该种模式下 EAP 方法的选取，实际上是对 RSA 双向认证的一种替补，而且只是发生在 MS 漫游时重入网认证阶段。除了基本的抵抗中间人攻击和重放攻击等需求外，还应该考虑是否支持快速重认证或重连接。因为，虽然在第一次漫游时，对 EAP 方法的选取可以不考虑快速重连接（第一次漫游前，MS 仅发生了不能支持快速重连接的 RSA 认证），但是当发生二次漫游时，则需要考虑进行快速认证连接。

考虑到 RSA 已经采用了证书模式，则对于该种已经浪费了用户存储资源的方法，EAP-TLS 似乎可以采用。事实上，由于第二次认证（漫游重入网模式）是在第一次产生的 AK 关联的 EIK 和 HMAC 保护下进行的，则可以考虑更为简单的方法，如 SPEKE，但该种方法需要改进，比如结合预认证方法。

如果考虑到能够支持网络快速重连，则综合选择应该为 EAP-AKA（改进后，抵抗中间人攻击）或者 EAP-TTLS。所以在这种方式下，建议采用的 EAP 方法为 EAP-AKA 方法或者 EAP-TTLS。

有关该 RSA-EAP 模式，具体细节将在第 5 章 PKMv2 RSA、EAP 混合认证模式的认证方法分析与选取中进行设计。

2. RSA-Authenticated EAP

该种认证模式，进行了一轮 RSA 双向设备认证后，采用 EAP 方法进行用户认证。并且在第二次认证中，将采用 RSA 产生的会话密钥 PAK 和 EIK，保护接下来的 EAP 认证。该模式下的 EAP 方法选取，建议采用目前较为简单并且强壮的基于用户口令的 SPEKE 方法，进行用户认证。

3. 单一 EAP 模式

如果采用单一 EAP 模式，考虑到要支持设备认证和用户认证的结合，即在一种方法内完成这两种认证，似乎 EAP-TTLS 和 PEAP 是很好的选择。因为其不仅仅能够支持快速的重连接，并且可以使用两种 EAP 认证方法实现设备和用户的认证。EAP-TTLS 相比 PEAP 有更好的 EAP 方法的扩展性，因此建议选择 EAP-TTLS。根据目前常用的 EAP_TTLS 方法，隧道阶段 EAP 方法的选择可以是 MD5、LEAP 或者其他出现的非 EAP 方法。但就目前来说，SPEKE 是已知的强壮的认证协议中最简单的一种，笔者建议采用一种改进后的 SPEKE 方法作为隧道阶段的 EAP 方法，即该种模式采用基于 SPEKE 的 EAP-TTLS 方法。

当然，如果在可选方法中没有 EAP-TTLS 或者 EAP-PEAP，则 EAP-AKA 或者 EAP-TLS 是种退而求其次的选择，这样仅能实现用户的身份认证而不能实现设备认证。

本章对该种模式的探讨，将假设认证的双方，即申请者 SS 和认证服务器系统 Authentication Server 均同时支持 EAP_SPEKE 和 EAP_TTLS 方法。有关该详细步骤将在接下来的 4.1 中进行阐述。

4. EAP-Authenticated EAP 模式

IEEE 802.16e 定义了一种 EAP In EAP 的双 EAP 模式。实际上可以看作是 IEEE 802.16e 在没有合适的 EAP-based Authentication 认证方法下的一种选择。由于在协议本身定义了两种传送消息的格式和方法，就可以脱离单一 EAP 方法的限制，结合两种 EAP 方法的长处，增强安全性，利用已有的 EAP 方法构造 EAP in EAP 模式的认证。

由于其具有对 EAP 方法自由搭配的灵活性，因此从设计上讲，该种模式的方法选取应当满足四个条件：

- 双向的设备认证和用户认证；
- 抗攻击能力—重放攻击、中间人攻击；
- 简洁的证书和口令认证；
- 可以支持快速重认证或者重连接。

根据以上的四个条件建议：

- 设备认证：从基于设备认证的 EAP-TLS、EAP-AKA、EAP-SIM（不考虑 TTLS 和 PEAP）中选取 EAP-AKA；
- 用户认证：从 EAP-MD 5、EAP-LEAP 和 EAP-SPEKE 中选取 EAP-SPEKE。

涉及 RSA 模式的方法安全性分析和比对将在第 5 章中进行介绍。在接下来的章节，将对 EAP-based 模式和 EAP- Authenticated EAP 认证模式中选取的方法进行分析和改进。

3.5 本章小结

如第 2 章所述，PKMv2 扩展了之前的 PKMv1 的安全机制，引入了基于 EAP 的认证方法，并且根据 EAP 方法和 RSA 方法的结合与否，定义了 5 种认证模式。但是 IEEE 802.16 PKMv2 却没有明确定义 EAP 方法的选取准则和模式认证流程。目前还缺乏足够的研究文献讨论 IEEE 802.16e PKMv2 中 EAP 方法的选取和改进，因此本章根据 IEEE 802.16e 中对 EAP 方法的说明，在分析和比对已有 EAP 方法的基础上，进行针对不同认证模式的 EAP 认证方法选取：

（1）分析和说明了 16e PKMv2 对 EAP 方法的使用需求，并且简述了 IEEE 802.16e 中对 EAP 包的封装格式。

（2）在对现有的 EAP 方法分析和比较的基础上，结合 IEEE 802.16e PKMv2 对 EAP 方法的需求，为 4 种认证模式进行了 EAP 方法的选取。

第 4 章 PKMv2 单一 EAP 及双 EAP 认证模式设计与改进

4.1 EAP-based 认证模式：基于改进的 SPEKEY 的 EAP-TTLS 方法

根据第 3 章对 EAP 方法在 4 种认证模式下的选取，本节将对选取的方法进行改进和安全性说明。本节的设计是假定认证的双方，即 Supplicant 申请者 SS 和 Authentication Server，均可支持 SPEKE 和 EAP-TTLS 方法。

4.1.1 EAP-TTLS 方法概述

EAP-TTLS 是一种在 TLS 安全隧道的保护下，实行基于用户名和密码的混合认证方式。它的引入是为了方便不具备证书的客户端进行身份验证。该种方法在客户端不需要部署证书，使得证书的管理和维护变得容易。

图 4-1 描述了 TTLS 的实体协议栈，其封装顺序由上至下。在基于三方的认证体系中，Supplicant（SS）与 Authenticator（BS）之间 EAP 包的交换基于 EAPOW（EAP over Wireless Network），而 BS 与 Authentication Server 之间 EAP 包的交换则是基于 AAA 协议（如 RADIUS）。

第 4 章　PKMv2 单一 EAP 及双 EAP 认证模式设计与改进

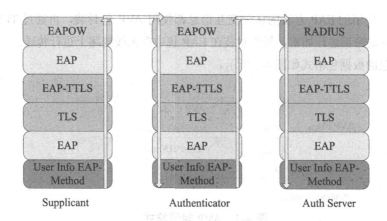

图 4-1　TTLS 的实体协议栈

TTLS 认证分为两个阶段：TLS 握手阶段和 TLS 隧道阶段。

1. 握手阶段

客户端 Supplicant 对认证服务器 Authentication Server 发送过来的证书进行认证。同时客户端和服务器通过协商协商加密使用的加密套件，并建立 TLS 加密隧道。加密套件的类型决定了在下一阶段数据的安全程度。如果协商得到的是空的加密套件，那么就无法保证后面数据传输的安全性。如果认证通过，并且协商加密套件结束，即产生第一次会话密钥（EAP 中称之为 MSK），则建立 TLS 安全隧道，反之则认证失败。

2. TLS 隧道阶段

在 TLS 安全隧道保护下，进行目前流行的一些强口令认证，以保护用户的信息不被窃取。该阶段需要执行的操作包括：用户身份的鉴权、数据通讯安全等级的协商、密钥的分发等。客户端和 TLS 服务器之间通过 AVP（Attribute-value pairs，属性值对）进行信息交互。第二阶段的数据包加密后封装在 AVP 数据包中。TTLS 在隧道协议中支持的认证方式很多，包括 CHAP、PAP 以及所有的 EAP 认证方式。

3. 握手阶段 密钥的产生

在 TLS 握手后，一个伪随机函数 PRF[99]（Pseudo-Random Function）用来把协商的主密钥、服务器的随机数、客户端的随机数展开成一串字节序列，作为接下来的隧道加密的密钥元素。通过这种方式，EAP-TTLS 可以在客户端和认证者 BS 之间产生密钥元素，并将其用于隧道加密。

4. TTLS 包的 AVP 格式

在 TTLS 认证方法中，第二阶段中的认证数据使用 TSL 记录协议层进行传送。

第二阶段所使用的 EAP 方法的认证交互信息都使用 AVP 包封装，再通过 TLS 握手阶段协商好的密钥进行加密，最终封装在 EAP 包中在无线链路上进行传送。

AVP 包的数据包格式如图 4-2 所示。

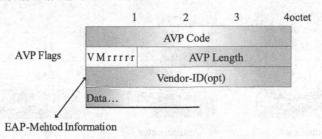

图 4-2　AVP 封装格式

AVP code 和 Vendor-ID（可选）标明了内置数据的属性，如果使用的是 EAP 认证方式，则该栏的值为 79（十进制）。

AVP Flags：V：Vendor-Specific 表示数据包中是否包含 Vendor-ID。M：强制位，该位决定了是否强制客户端支持 AVP 格式。r：保留位（默认置 0）。

AVP Length：数据包的字节数。

Vendor-ID：4 个字节，该位的目的是使公司能够用该位标致自身所需要的扩展，不过，RADIUS，Diameter 的常用位必须留出。该位置零时等同于没有 Vendor-ID。

Data：Data 域的数据就是认证数据包。如果采用的二轮 EAP 方法为 EAP-SPEKE，则该处数据包为 SPEKE 认证数据。

5. TTLS 的 EAP 包的封装层次

我们将图 4-1 中的封装层次具体细化，则实际的封装层次如图 4-3 所示。

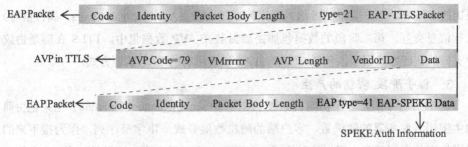

图 4-3　TTLS EAP 包的多层封装方式

在这个 TTLS 多层的封装方式中，我们以在第二轮 EAP 方法中，即 TLS 隧道中采用 EAP-SPEKE 方法为例。EAP-SPEKE EAP 包封装在 TTLS 特定的 AVP 中，而该 AVP 又通过在第一轮 EAP-TLS 协商后确定的加密方法加密，并封装在 EAP 包中。接下来通过 TLS Record Layer 进行 EAP over Wireless Network（Supplicant 和 Authenticator 间）及 EAP over AAA（Authentication Server 和 Authenticator 间）上的 EAP 包传输。

4.1.2 问题的提出：伪冒者（中间人）攻击

EAP-TTLS 采用了 TLS handshake 和基于 TLS 加密隧道的两阶段 EAP 认证对客户端和服务器端，实行基于用户名和证书的双向认证。

在握手阶段，如图 4-4 中①，通过 TLS 握手，伪冒者 Attacker 与 Authentication Server 进行服务器端的单向认证，协商隧道加密密钥材料。握手成功则建立由隧道加密密钥保护的 TLS 隧道，如图 4-4 中②。由于在握手阶段进行的是基于服务器端证书的单向认证，也就是说在 TLS 握手阶段，并不能确定与 Authentication Server 通信的客户端的有效身份。在 TLS 握手阶段结束时，Supplicant 客户端和 Authentication Server 服务器端产生一个共享密钥 Kh，通过已协商的加密套件，产生一个加密的 TLS 隧道，保护第二阶段的用户认证和密钥协商。

在第二阶段，如图 4-4 中③，服务器端将要求认证的 Supplicant 用户端使用协商的 EAP 方法进行用户身份认证。如果该 Supplicant 用户端是一个不具有合法用户身份的认证端，它可以在第二阶段中伪冒一个合法的 Authenticator（假装其背后有一个合法的 Authentication Server），如图 4-4 中④，并向一个可以使用 Tunnel 阶段 EAP 方法（如 EAP-MD5）的合法 Supplicant 申请者 SS 发送 EAP-Request / Identity（Type 为 4）探寻包引诱该 Supplicant SS 使用伪冒者和 Authentication Server 之间的 EAP 方法（如 EAP-MD5）进行协商。当然该场景的发生假定伪冒者（中间人）、合法的 Supplicant 客户端、Authentication Server 认证服务器之间均支持 TTLS 中相同的 EAP 方法。

当合法的 Supplicant 客户端回应伪冒者具有相同 EAP Type 的 EAP_Response/Identity 后，如图 4-4 中⑤，接下来客户端将通过伪冒者，与 Authentication Server 服务器端进行 EAP 方法认证和数据加密密钥协商。如图 4-4 中⑥，由于伪冒者（中间人）和认证服务器端取得了加密隧道密钥 Kh，则对于认证服务器发出的 EAP-Request 或者 EAP-Response 都可以解密，并转发给合法的 Supplicant SS。相应的，对于合法的 Supplicant SS 发出的 EAP 消息回应或申请，伪冒者（中间人）可以通过隧道将这些消息发送给 Authentication Server。因此，当 Authentication Server 在最终认证通过合法的 Supplicant SS 后，EAP-Success 消息由中间人转发给合法的 Supplicant SS。

在步骤⑥之后，客户端 Supplicant SS 和服务器端 Authentication Server 将共同享

有产生的共享密钥 Key,如果:

• Authentication Server 与中间人之间采用 Tunneled KEY(即第一次 TSL 握手产生的隧道加密密钥 Kh)加密第二轮 EAP 方法产生的共享密钥,并发送给中间人。则中间人获得用户身份,如图 4-4 中⑦,进行接下来的无须身份认证的通讯密钥交换(在 IEEE 802.16e 中,通讯密钥不在 EAP 认证阶段产生)。

• 如果隧道阶段 EAP 方法的选择,无法抵抗字典攻击,并且认证服务器与合法用户间采用协商好的加密密钥进行共享密钥的加密分发(从认证服务器到中间人)。由于中间人不知道加密密钥,因此无法立刻获取共享密钥作为后来数据通讯密钥交换的凭证。但是通过字典攻击,中间人完全可能获取共享密钥,截获信息,解密信息。如图 4-4 中⑦,如果该信息是用户口令,则中间人从此可以成功地伪冒该用户;如果该信息是用户发送的预密钥材料,则中间人可以篡改消息,并使得认证服务器采用自己的信息作为协商共享密钥的材料,达到预测共享密钥的目的。

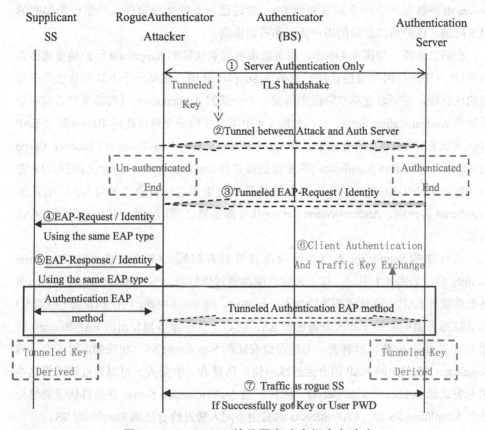

图 4-4 EAP-TTLS 的伪冒者(中间人)攻击

目前 EAP-TTLS 方法在隧道阶段通常使用的方法有 EAP-MD5、CHAP[100]、PAP[101]、MS-CHAP[102] 和 MS-CHAPv2[103]。

EAP-MD5 由于采用弱口令 pwd 的 MD 5 算法，容易受到字典攻击，使得 TTLS-MD5 不能抵抗如上所述的仿冒者攻击。

PAP（Password Authentication Protocol）单向口令验证协议，弱点是用户的用户名和密码在数据链路上，以明文发送。如果在 TTLS 中采用 PAP 协议，意味着伪冒者可以轻易获取开放式无线链路上合法用户的明文口令和密码。

CHAP（Challenge Handshake Authentication Protocol），PPP 提供的质询握手协议。该方法中服务器首先以明文的方式将一个随机数 R 发送给客户端，客户端将用户口令 PWD 和该随机数 R 串接，并通过 Hash 函数计算一个值 Hash（Pwd ∥ R）发送给服务器端，服务器端通过验证该值来认证客户端。由于此方法计算 hash 值得到的随机数以明文发送，上述攻击方式中的伪冒者可以轻松通过侦听信道获取该值。通常 pwd 是短的用户口令，伪冒者可以进行离线的字典攻击获得该 pwd。因此在第二阶段采用 CHAP 方法无法抵抗上述的伪冒者攻击。

MS-CHAP，微软对 CHAP 协议进行了改进并提出了 MS-CHAP。其客户端返回值采用用户口令 Pwd 的 Hash（pwd）作为加密密钥，将随机数加密后返回给服务器端。虽然该方法的口令没有在链路中以明文出现，但是 Schneier[104] 从协议的实现对 MS-CHAP 协议的安全性进行了分析，发现其实现方法容易受到攻击。Eisinger[105] 从协议采用的算法及算法的实现分析了 MS-CHAP 协议的安全性，认为 MS-CHAP 协议容易受到字典攻击，多数口令可在一定时间范围内被恢复。因此该种方法也不能抵抗上述的伪冒者攻击。

MS-CHAP-V2，微软对其第一版本的 CHAP 进行了改进，增大了质询数长度，增加了字典攻击难度，并且改进了密钥生成算法，加强了协议的安全性能。同时将协议单向身份鉴别改为双向身份鉴别，防止攻击者伪装成服务器。但是文献 [106] 指出，即便不得到用户口令，也存在可以获得身份认证的伪冒方式，即伪冒者仍然可以利用该协议的漏洞，伪装成合法 Supplicant SS，骗取服务器端的信任。

由此可见，这些方法并不能抵抗如上所述的中间人攻击。其缺陷对照如表 4-1 所示。

而目前 EAP 方法中常用的基于口令的方法，如 LEAP，亦不能防范字典攻击。因此将采用 EAP-SPEKE 方法作为 EAP-TTLS 隧道阶段的方法，并适当对其做些改进，以防范中间人攻击，有关改进办法和安全分析将在下节中进行讨论。

表 4-1 EAP-TTLS 常用方法缺陷

方法	缺陷
EAP-MD5	不能抵抗字典攻击，伪冒者攻击可以获取用户口令
PAP	口令和密码明文发送，伪冒者攻击可以获取
CHAP	口令 HASH 函数发送，易受字典攻击
MS-CHAP	口令 HASH 函数作为消息加密密钥，重放攻击、字典攻击
MS-CHAPv2	口令 HASH 函数作为消息加密密钥，重放攻击、字典攻击
LEAP	不能抵抗字典攻击

4.1.3 EAP_SPEKE 概述

SPEKE（Simple Password-authenticated Exponential Key Exchange）算法是已知强壮密钥交换/认证协议中最简单的一种，于 1996 年由 David Jablon 提出。该算法基于口令和 DH-EKE[107]（Diffie-Hellman Encrypted Key EXChange），使用用户的口令作为密钥交换的底数或是产生元。SPEKE 旨在用小口令就能在不安全的信道上建立安全的认证，产生密钥而不受离线的字典攻击。

该协议的工作机制分为两个阶段：密钥交换阶段和密钥认证阶段。SPEKE 的密钥交换和密钥认证过程中使用的数学符号，如表 4-2 所示。

表 4-2 SPEKE 方法中的数学符号

数学符号	代表意义
A B	A 代表客户端 B 代表服务器端
pwd	客户端和服务器的共享口令（短口令）
p	适合于 Diffie-Hellman 密钥交换的大素数，（p-1）/2 也是素数
q	p-1 的一个质因子
f	将 pwd 转换成合适的 DH 底数的函数，选取 $f(pwd) = pwd^{2R} MOD\ p$
$X_A\ X_B$	客户端和服务器端分别秘密选取的随机数
$R_A\ R_B$	客户端和服务器端在消息互换中发送的随机数
$Q_A\ Q_B$	客户端和服务器端分别计算出的幂运算值
$E_K(M)$	用 K 作为密钥加密 M 的对称加密函数
H(M)	关于 M 的单向散列函数
K	由用户和服务器端通过用户口令和对方随机数生成共享的密钥

第一阶段为密钥交换阶段，客户端和服务器经过协商，建立 Diffie-Hellman 密钥 K。首先通信的双方采用函数 f(pwd) 将口令 pwd 转换成求幂运算的底数，然后根据 DH 密钥交换建立共享密钥 K：

(1) 客户端计算 $Q_A = f(pwd)^{2XA} \mod p$，并将 Q_A 发送给服务器；

(2) 服务器计算 $Q_B = f(pwd)^{2XB} \mod p$，并将 Q_B 发送给客户端；

此时客户端计算 $K = h(QB^{XA} \mod p)$；服务器端计算 $K = h(QA^{XB} \mod p)$，但不发送消息。

第二阶段密钥认证阶段，客户端和服务器要彼此确认对方的确知道密钥 K，然后再将 K 作为它们的会话密钥。客户端和服务器在将 K 作为会话密钥前，要证实彼此的确都知道 K。可以采用如下方法验证密钥 K：

(3) 客户端选取随机数 R_A，并将 $E_K(R_A)$ 发送给服务器；

(4) 服务器选取随机数 R_B，并将 $E_K(R_B, R_A)$ 发送给客户端；

(5) 客户端证实 R_A，正确，则将 $E_K(R_B)$ 发送给服务器端；

(6) 服务器收到 $E_K(R_B)$，证实 R_B 正确，双向认证完成。

文献 [108] 对该方法的安全性进行了详细分析，我们根据其结论，结合 TTLS 在隧道阶段易受攻击的情况进行分析：

如果攻击者可以窃听通信的报文（如 TTLS 隧道中伪冒者），并获得 Q_A、Q_B。当采用 Diffie-Hellman 离散对数计算时，由于无法通过 Q_A、Q_B 得到 X_A、X_B，则不能计算密钥 K，或者计算恳请者 Supplicant SS 的 pwd。在如上 TTLS 隧道伪冒者攻击中，伪冒者仅能获取 Q_A、Q_B。

假设攻击者（伪冒者）通过某种途径获取了会话密钥 K，但是它不能通过 K 以及字典攻击猜测 pwd。根据文献 [107] 可以推出，即便采用了基于离散对数的方法来计算 K，攻击者也无法从 K 直接推出 Q_A、Q_B 和 pwd。但是会话密钥 K 泄露的情况在 TTLS 第二轮 EAP 方法中难以发生，因为 SPEKE 协议中仅交换 Q_A、Q_B，而没有通过信道交换会话密钥。

如果伪冒者获得 K 和 X_A、X_B，则可以获得 pwd。在 TTLS 中为了防止 X_A、X_B 的泄漏，双方不保留使用过的 X_A、X_B。由于采用的基本攻击模型为 Dolev-Yao 模型，因此不考虑上述 TTLS 攻击方法中伪冒者获取 K 和 XA 的可能性，因为这两个值都没有在信道上进行交换。

假设攻击者攻破了服务器方，获取了用户口令 pwd。在接下来的认证和密钥交换中可以冒充用户。但是其不能获取以前通信的会话密钥，因为 K 的计算依赖于使用后便不能恢复的各自秘密随机数 X_A、X_B。这一点满足了安全准则前向安全性。事实上，由于我们采用的攻击模型为 Dolev-Yao，针对我们讨论的 TTLS 的攻击方法，伪冒者只是在服务器和客户端 Supplicant SS 之间监听信道上的信息，而不会攻击服务器端。

根据以上的分析，可以看出，在 TTLS 伪冒者（中间人）攻击中，无论伪冒者采用什么方式都不能攻破公享密钥 K，或者获取 pwd，达到成功伪冒用户进行通信的目的。但是，服务器端对伪冒者的识别只有到达通讯密钥交换阶段（PKMv2 SA TEK 3-way）时，才会因为交换的消息中无法提供共享密钥的有关信息（如 AK_SN）而识破伪冒者。下一节我们将尝试通过改进 SPEKE 协议，使得伪冒者的身份在身份验证阶段得到暴露，从而更早地识破伪冒者的假冒行为。

4.1.4 改进方法——EAP_SPEKEY

1. 已有的 SPEKE 改进方法

在文献 [108] 中提出了一种改进的 SPEKE 方法（仍然沿用表 4-2 中的数学符号），改进了以下几方面：

首先，认证服务器端的验证口令用散列函数 S=H（pwd）确定，同时 $V=g^{pwd}$，将 S 和 V 作为用户凭证存放在数据库中。

其次，将上述的密钥交换和身份认证的交换消息做如下修改：

（1）客户端计算：S=H（pwd）、$Q_A=S^{2XA}$ mod p，并将计算结果 Q_A 发送给认证服务器；

（2）认证服务器计算：$Q_B=S^{2XB}$ mod p，$K_1=Q_A^{XB}$ mod p，$Proof_{BK1}$=H（H（K_1）），并将 Q_B 和 $Proof_{BK1}$ 发送给客户端；

（3）客户端计算：$K_1'=Q_B^{XA}$ mod p，$TEST_{BK1}$=H（H（K_1'）），$Proof_{AK1}$=H（H（K_1'）），检验 $TEST_{BK1}$ 与收到的 $Proof_{BK1}$ 是否相等，若相等则将计算出的 $Proof_{AK1}$ 发送给认证服务器；

（4）认证服务器检验 $Proof_{AK1}$ 的正确性，如果 $Proof_{AK1}$ = $Proof_{BK1}$，则认证服务器产生一个数随机数 x，并计算：$U=g^x$ mod p，将计算结果 U 发送给客户端；

（5）客户端计算：$K_2=U^{pwd}$ mod p，$Proof_{AK2}$=H（K_2）发送给认证服务器；

（6）认证服务器收到 H（K_2）后计算 $K_2=V^x$ mod p 并验证 H（K_2）的正确性。如果 H（K_1）和 H（K_2）都正确，则完成会话密钥 K 的建立过程，否则中止会话。

2. [108] 改进方法分析

文献 [108] 的改进，其目的是通过（4）—（6）步进一步证明进行认证的一方是用户口令的持有者。如果其能够成功地在身份认证的阶段发现 TTLS 中存在的伪冒者（如 4.1.2 所述，如图 4-5 所示），则认为其改进是有效的。

假设在 4.1.2 中出现的伪冒者，在 4 步通过对 Hash 函数的字典攻击，得到 K_2，根据 4.1.3 中对 SPEKE 的攻击方式的分析得出，由于攻击者不知道随机数 X，则无法推导出 U，也就无法推导出 pwd。意味着无法假冒用户身份，同时由于共享的会话密钥采用 K1，因此将来的会话也不会受到威胁。

但事实上该改进的 1—3 步并没有成功地起到了双向认证的作用，属于冗余的步骤。即在进行 4-6 步前，无法鉴定用户的身份，通过如下对 1—3 步的攻击可以说明：

（1）攻击者随便选择一个随机数，作为 QA 发送给服务器端；

（2）服务器端 $QB=S^{2XB} \bmod p$，$K1=QA^{XB} \bmod p$，$Proof_{BK1}=H(H(K_1))$，并将 Q_B 和 $Proof_{BK1}$ 发送给客户端；

（3）客户端无须计算，仅需将 $Proof_{BK1}$ 重新发送回服务器端即可。

由于服务器端对客户端的判断仅来源于 $Proof_{BK1}=Proof_{AK1}$，那么此时服务器端会初步认证客户端为可信赖的合法者，于是再通过 4—6 步骤进行再次确认。

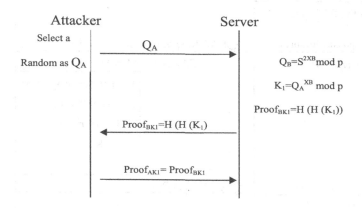

图 4-5　针对文献 [108] 的伪冒者攻击

显然这样的设计有着几方面的缺陷：

（1）不能一次有效地认证客户端的身份，出现了冗余的认证交换消息。

（2）密钥 K_1 和 K_2 虽然有 HASH 算法保护，但出现在了链路上，增加了会话密钥被截获的可能性。

（3）与原有的协议机制相比，在客户端和服务器端的模数和指数运算增加了一倍，增加了认证计算开销。

（4）结合伪冒者（中间人）攻击，如 4.1.2 所述，该种机制与原机制相比，并不能有效在认证阶段识破隧道阶段伪冒者的身份。

3. 改进方法的设计目的

根据以上分析，结合 3.2.2 节提出的特性要求和 4.1.2 节对伪冒者攻击的分析，本节提出一种改进的 SPEKE 方法 SPEKEY，改进目标为：

（1）减少认证阶段的交换消息回数；

（2）减少认证阶段双方计算计算消耗；

（3）选择双向认证；

（4）能够在认证阶段识别 4.1.2 所述的伪冒者攻击。

4. SPEKE 的改进方法——SPEKEY

在密钥交换阶段，改进的基本步骤为：

（1）客户端计算 $Q_A=f(pwd)^{2X_A} \mod p$，并将 Q_A 发送给服务器；如图 4-6 中①。

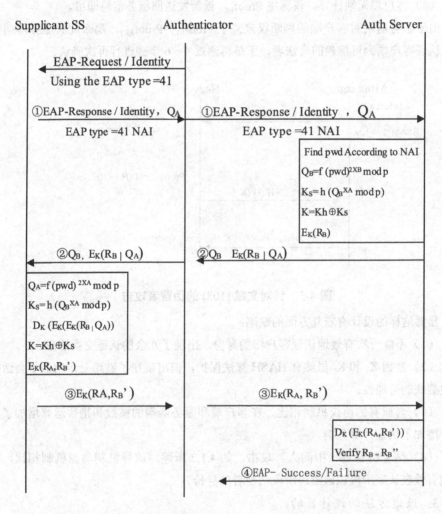

图 4-6　本书提出的改进 EAP-SPEKE 方法

（2）服务器端收到 QA，同时选取一个秘密随机数 X_B 后，然后计算：

- $Q_B = f(pwd)_{2X_B} \bmod p$,
- $K_S = h(QA^{X_B} \bmod p)$。

在密钥认证阶段，为了鉴别与 Authentication Server 进行身份认证的一方是否是真正的身份持有者，本书在密钥认证阶段，将 TLS 握手阶段建立的会话密钥 K_h 和隧道阶段的会话密钥 Ks 绑定，在服务器端计算 $K=K_h \oplus K_S$。接下来随机选取随机数 R_B，使用绑定的密钥 K 计算 $EK(R_B \mid Q_A)$，然后将 Q_B 和 $E_K(R_B \mid Q_A)$ 一起发送给客户端；如图 4-6 中②。

（3）客户端收到图 4-6 中②的信息后，客户端计算 $K_S = h(Q_B^{X_A} \bmod p)$ 客户端如果的确是进行 TLS 握手的一方，则通过自己享有的 K_h、K_S 计算 $K=K_h \oplus K_S$，然后解密服务器端发来的 $E_K(R_B \mid Q_A)$，得到 R_B 和 Q_A，通过 Q_A 验证服务器的合法身份。并选取随机数 R_A，将 $E_K(R_A, R_B)$ 发送给服务器如图 4-6 中④。

（4）服务器端收到该消息，解压缩 $E_K(R_A, R_B)$ 并验证 R_B 的值，如果与其发送的一致，则认证客户端身份成功。否则发送 EAP-Failure 给 Authenticator，由 Authenticator 转发给客户端。

4.1.5 改进方案的伪冒者攻击分析

使用 TTLS-SPEKEY 方法时，如果存在如 4.1.2 节中所述的伪冒者攻击，则攻击流程如图 4-7 所示。

在步骤①、②结束时，客户端生成的共享密钥为 $K_S = h(Q_B^{X_A} \bmod p)$，而服务器端生成的共享密钥为 $K=K_h \oplus K_S$，即双方的共享会话密钥不一致。步骤③中，Supplicant SS 使用在隧道内产生的密钥 $K_S = h(Q_B^{X_A} \bmod p)$ 解密 $EK(R_B \mid Q_A)$，得到 R_B' 和 Q'_A，由于采用的 $K \neq K_S$，则 $R_B \neq R_B'$，$Q_A \neq Q'_A$。因此当 SS 计算 $EKS(R_A, R_B')$ 时使用的是 K_S，而非 K 时，SS 对服务器端认证失败。如果用户端产生了响应图 4-7 中③，服务器端得到图 4-7 中③中的 $EKS(R_A, R_B')$，由于服务器端和客户端适应的密钥不一致，则服务器端对 $E_{KS}(R_A, R_B')$ 使用 K 解密 $D_K[E_{KS}(R_A, R_B')]$ 的结果：$R_B'' \neq R_B' \neq R_B$，$R_A' \neq R_A$，因此服务器端即可确认认证对等方并非 TLS 握手阶段的终端，于是发送 EAP-Failure。

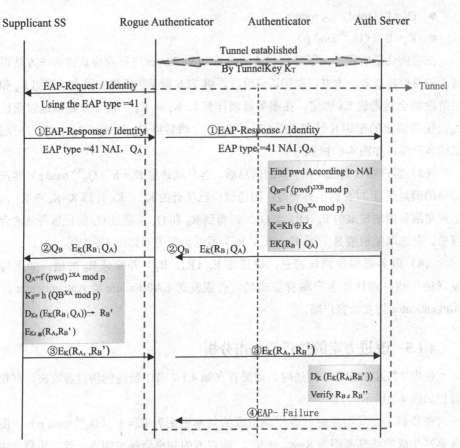

图 4-7　改进 TTLS-SPEKE 方法下的伪冒者攻击

从抵抗伪冒者攻击的角度看,改进的 SPEKE 方法和最初的 SPEKE 方法相比:

将原有的 6 条消息减少为 3 条,减少了认证阶段的所需交换消息的回数。结合 EAP-TTLS 方法,EAP_TTLS_SPEKEY 交互轮回数为 6,改进前的 EAP_TTLS_SPEKE 交互轮回数为 7。

由于认证阶段仅增加了一次异或运算,和其他认证运算开销相比,可以忽略不计,因此该计算量并未增加计算资源的耗费。

由于消息②使用了共享密钥加密 Q_A,一旦在客户端进行验证,则可证实服务器端的身份,可以实现双向认证。

并且,EAP_SPEKEY 应用于 EAP_TTLS 方法,能够在认证阶段第 5 个消息轮回,识别 4.1.2 所述的伪冒者攻击。与应用最初的 SPEKE 方法相比(将在整个 EAP_TTLS_SPEKE 结束时识别,即完成 6 个交互轮回),提前了 1 个交互轮回发现伪冒

第 4 章　PKMv2 单一 EAP 及双 EAP 认证模式设计与改进

者攻击。

根据 4.1.3 的分析，SPEKEY 方法本身提供的安全性可以抵抗字典和重放攻击。因此，采用 TTLS-SPEKEY 方法不仅能够在隧道阶段识别伪冒者攻击，也解决了传统的 TTLS-MD5 或者 TTLS-CHAP、TTLS-PAP、TTLS-MSCHAP、TTLS-MSCHAPv2 方法，在隧道阶段易受中间伪冒者字典攻击的问题，保证了 EAP-TTLS 方法中客户端和服务器端进行双向认证的安全和可靠性。

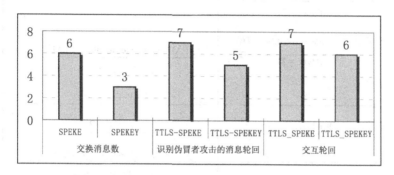

图 4-8　改进 SPEKEY 与原有 SPEKE 的性能比对

4.1.6　改进方案认证过程

将改进的 SPEKEY 方法应用到 EAP_TTLS 中实现 PKMv2 EAP_Based 模式下的认证，整个阶段，按照其认证的方式可以划分成 TLS 握手阶段和 TLS 隧道阶段。

1. TLS 握手阶段（如图 4-9）

（1）申请者 A（Supplicant SS）向认证者 Authenticator（C）发送 PKMv2 EAP Start 消息。

（2）C 收到后，用 PKMv2 EAP Transfer 消息封装 EAP_Request/Identity 消息，通过 EAP_Type 为 21 要求 A 进行 EAP_TTLS 身份验证。

（3）A 收到后将 EAP_Response/Identity 将身份识别数据发送回给 C。

（4）C 使用 AAA 协议将 EAP_Response/Identity 报文封装后转发给 B 服务器。

（5）B 收到 A 发来的身份识别数据后，发出 EAP_TTLS/START 进行应答，要求开始 EAP_TTLS 会话。

（6）C 将 B 发给 A 的 EAP_TTLS/START 转发给 A。

（7）A 收到 EAP_TTLS/START 后向 C 发送 Hello 报文，此时 TLS 握手正式开始进行 A 和 B 的加密及压缩数据方法协商。在 Hello 报文里应当包含协商过程所需的一些参数（如所用的 TTLS 版本、Session ID、A 端产生的随机数 RA，与 A 的安全能力，如加密套件等）。

（8）C 收到 Hello 报文后转发给 B 服务器。

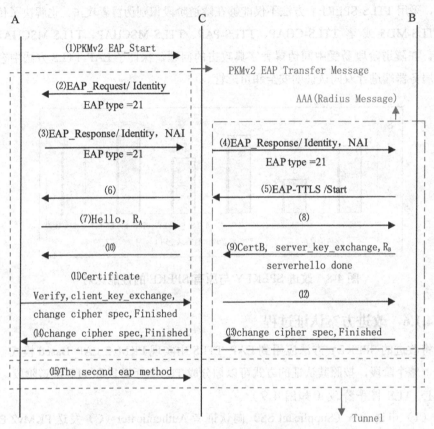

图 4-9　EAP-TTLS-SPEKEY 方法的 TLS 握手

（9）B 收到 Hello 报文后，检验 Session ID 内容是否为空或不能识别，如果是则会要求重新建立新连接。如果 Session ID 可以识别并与前一个吻合，则会从 A 的加密套件中挑选出可使用的一组，包含在 B 送出的 Hello 信息中。该信息与 A 送出的相同，同时送出 B 的证书、建立 Session Key 的数据（server key_exchange）和（Server Hello Done）信息，以及 B 产生的随机数 RB。B 将该 Hello 信息发送给 C。

（10）C 收到 B 的 Hello 信息后转发给 A。

（11）A 收到 Hello 信息中的 Certificate_Request 时，响应的数据需要包含经自己签署过的认证响应（Certificate_Verify）、建立 Session Key 的数据（client key exchange）。响应数据还应当包括采用服务器 B 端公钥加密的 Pre-Master Key、设定的加密参数（change cipher spec）、TLS Finished 信息等；A 将该信息发送给 C。

(12) C 将 A 的消息转发给 B。

(13) B 验证（Certificate_Verify），如果失败，表示 A 身份有问题，必须送出警告信息并等候 A 响应。A 对警告做出的响应信息为 Hello 信息，即重新开始新的 Session；否则，立即中止认证。如果验证正确，则送出再次确认的加密参数（change cipher spec）和 TLS Finished 信息，在 Finished 信息内包含有 B 签署过的认证回应。B 将该信息发送给 C。

(14) C 接收 B 发送来得 Finished 信息和其他信息后，转发给 A。

(15) A 对 Finished 消息进行验证，如通过，则双方共享加密密钥 K，隧道建立成功。在隧道的保护下向 B 发送第二轮的 EAP-SPEKE 方法消息，表示认证通过。

上述这些消息中（2）、（3）、（6）、（7）、（10）、（11）、（14）均使用 PKMv2 EAP Transfer 携带 EAP_TTLS 负载。（4）、（5）、（8）、（9）、（12）、（13）使用 C 和 B 之间的 AAA 协议，如 RADIUS 携带 EAP_TTLS 负载。（15）基于隧道保护。

2. 隧道阶段改进的 EAP-SPEKEY 方法

这里（15）消息等同于该阶段的（1）消息。此时，隧道已经建立，A 和 B 已经享有隧道加密密钥 Kh，并且将该阶段的 EAP 方法包使用加密密钥 Kh 加密，并封装在 TTLS 的 AVP 中。而后将封装了 AVP 的 TTLS Packet 作为 EAP 负载封装在 EAP 包中。接下来使用 PKMv2 EAP Transfer 消息在 A 和 B 间进行基于 EAP 包的消息交换。

该阶段的过程如图 4-10 所示，并有如下 8 条消息：

(1) $A \rightarrow C$: PKMv2 Authenticated EAP Transfer/EAP-Response/Identity/EAP_Type=41, Q_A
(2) $C \rightarrow B$: Q_A
(3) $B \rightarrow C$: $Q_B, E_K(R_B / Q_A)$
(4) $C \rightarrow A$: $Q_B, E_K(R_B / Q_A)$
(5) $A \rightarrow C$: $E_K(R_A, R_B')$
(6) $C \rightarrow B$: $E_K(R_A, R_B')$
(7) $B \rightarrow C$: EAP Success/Failure, $E_{K'}(MSK)$
(8) $C \rightarrow A$: EAP Success/Failure

在步骤（7）中，如果认证成功，B 将由该次会话密钥 Ks 产生主会话密钥 MSK，并向 C 发送 EAP_Success 包，同时发送用它们共享密钥 K' 加密的 MSK。

该阶段完成时，C 收到封装在 EAP-TTLS AVP 中的加密 EAP Success 包，使用 EAP Transfer Message 将该 EAP 包传送给 A 表明认证成功。此时 A 根据 Ks 产生主会话密钥 MSK，并由此产生 PMK。C 根据收到 MSK 也产生 PMK。接下来根据 AK

的生成办法,双方均建立了共享的授权密钥 AK,相应的 AK 序列号和由 AK 产生的 HMAC/CMA 将用于接下来的 TEK 三次握手(本书 2.6 节)。BS 端将发送一条 SA TEK Challenge 开始 TEK 交换。

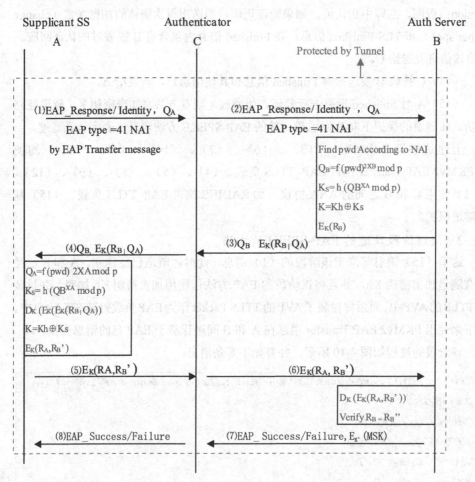

图 4-10 第二阶段 EAP-SPEKEY 方法

4.1.7 密钥层次

在基于 SPEKE 的 EAP-TTLS 过程中,第一轮 TLS 握手,产生了 K_h 和相应的消息摘要密钥 K_{mac}。它们用来保护接下来的隧道阶段服务器端对客户端的认证。

在隧道阶段,改进的 SPEKEY 方法中产生的密钥 K 来源于 $K=K_h \oplus K_S$,而 K_S 为隧道阶段产生的密钥,并且 $K_S = h\ (Q_B^{XA} \bmod p)$。为了配合 IEEE 802.16e 的要

第 4 章　PKMv2 单一 EAP 及双 EAP 认证模式设计与改进

求，把第二次产生的会话密钥称为 MSK（Master Session Key），要求必须为 512 位。MSK 用于产生 AK（授权密钥）和相应的消息验证密钥 EIK。在 IEEE 802.16e 的定义中，进行 EAP 交换是为了将 512 位的 MSK（Master Session Key）传送给 IEEE 802.16 层。该密钥被 AAA[109] 服务器发送给认证者（Authenticator）和 SS。而后 SS 和认证者通过截短 MSK 到 320 位，并产生一个 PMK（Pairwise Master Key，双主密钥）和一个可选的 EIK。

在单一 EAP 方法中，PMK 和 EIK 的产生如：EIK|PMK⇐trancate(MSK, 320)

AK 的产生公式为：AK⇐Dot16kdf(PMK, SS MAC Address|BSID|"AK", 160)

具体的密钥层次如图 4-11 所示，描述了当仅基于 EAP 认证交换由 MSK 产生 AK 的过程。

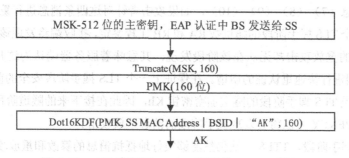

图 4-11　AK 来源于 PMK（基于单一 EAP 授权）

4.1.8　改进方案安全性能分析

1. 抵抗攻击

（1）抵抗消息的篡改和重放：

- TLS 握手阶段：

由握手过程（如图 4-9）可知，在进入 TTLS-Start 之后，消息（7）（8）（9）（10），用户端 A 发送的 Client Hello 消息和相应服务器端 B 回应消息 Server Hello 中都分别携带了发送端的随机数 R_A 和 R_B。假如 Session ID 不是和上一次重认证保持一致（即不重用握手阶段的隧道加密密钥），在此消息阶段攻击者实施的重放攻击，会由于使用了旧随机数而被发现。在消息（11）（12）（13）（14）中，（11）（12）消息均携带了由服务器端 B 确认的消息验证算法计算的消息摘要，并且附带在 Finished 消息中；（13）（14）携带了由用户端 A 确认的消息验证算法计算的消息摘要，并且附带在 Finished 消息中。由于 Finished 消息验证消息加密密钥来源于（11）（12）（13）（14）中交换的随机数 R_A 和 R_B，则对这两则消息的篡改会被接收端发现。同时，如果（7）（8）（9）（10）随机数交换过程中发生消息的篡改攻击，消息的接收端（A端、B端）将验证 Finished 消息失败，从而抵抗了（7）（8）（9）（10）（11）（12）（13）（14）消息的篡改。如果攻击者对消息（11）（12）（13）（14）进行重放攻击，由于 Finished 消息验证消息加密密钥来源于旧随机数 RA 和 RB，则接收端将会验证失败。因而 TTLS 的 TLS 握手阶段可以很好地抵抗针对（7）（8）（9）（10）（11）（12）（13）（14）消息的重放攻击。

当重放攻击发生在重用握手阶段的隧道时（即忽略 TLS 握手的快速重认证）。此时客户端，将通过在消息（7）中，使用与上一次 TLS 握手相同的 Session ID，来申请忽略握手阶段的快速重认证。如果服务器端在消息（9）中回应了相同的 Session ID 值，则表明接受该申请，意味着同意启用相同的加密隧道。此时，在隧道阶段前仅发送了消息（7）（8）（9）（10），如果攻击者针对这四条消息进行篡改和插入，通过与前一个 TLS 握手阶段的随机数 RA 和 RB 比较鉴定，接收端将发现该攻击行为。但是此阶段的重放攻击却无法在该阶段发现，其意味着服务器端认为这几则重放的消息是 SS 端进行快速重认证的申请。在保证上一个 TLS 握手阶段安全的前提下，攻击者并不知道 TLS 握手阶段的隧道加密密钥 Kh，因此在接下来的隧道阶段，采用改进的 EAP-SPEKEY 方法将会发现握手阶段的消息重放攻击。

因而在握手阶段，TTLS 方法仍然能够很好地抵抗消息的篡改和重放攻击。

● 隧道阶段：

如 4.1.3 所述，改进的 EAP-SPEKEY 方法在该阶段的消息重放或篡改都会引起接收端的验证无效，从而有效地抵抗相应的消息篡改、伪造和重放攻击。同时，由于使用 EAP_TTLS 加密的 AVP 传送客户端 A 和认证者端 C 之间的认证交互信息，则截获者在未获知加密密钥时无法得到相应的明文，进而很难针对消息中的某一元素进行篡改。

假设攻击者截获了隧道阶段的消息，进行重放攻击。在这种情况下，如果隧道阶段是重新建立的，并且重放攻击仅发生在如图 4-10 的（1）（4），由于重用了随机数 Q_A、Q_B，接收端将会发现重放消息。如果重放消息为图 4-10 中的（5），由于使用了旧的 Q_A、Q_B，服务器端 B 将验证 A 失败。由此接收端可以察觉信道链路上存在问题，而要求重新认证。如果隧道阶段为重用的，即隧道加密密钥和上一次隧道阶段相同时，则服务器端将在图 4-10 的第（5）步，通过验证密钥 $K=Kh \oplus Ks$ 失败而发现握手阶段图 4-9 中消息（7）（8）（9）的重放攻击。

由此在 EAP-SPEKEY 的保护下，隧道阶段能够有效地抵抗消息重放、篡改、伪造攻击。

（2）抵抗中间人攻击：

如果中间人攻击（4.1.2 所述）发生在 EAP-TTLS-SPEKEY 改进方法中，由于隧道阶段的 EAP-SPEKEY 方法将握手阶段和隧道阶段的会话密钥绑定产生验证密钥，因此可以快速地发现信道异常，如 4.1.5 所述，从而可以在隧道阶段发现伪冒的 SS。根据 4.1.5 的分析，该方法可以有效地抵抗在 EAP-TTLS-MD5 中存在的安全问题。

2. 计算开销比对分析

在 TLS 握手阶段，交换的所有消息数，如图 4-9 所示，为 14 条（15 条算入接下来的 EAP_SPEKE 方法）。在接下来的隧道阶段采用改进的 EAP-SPEKE 方法，如图 4-10 所示，交换的消息数为 8 条。则总体认证的消息条数为 22 条。整个协议的交互回合（不考虑作为 Authenticator 的 C 转发消息）为 6 轮。而相应的传统 EAP-TTLS-MD5 在 PKMv2 的 EAP_Based 认证模式下，两个阶段的总消息交换条数为 22 条，交互轮回为 6 轮。根据 4.1.4 的比较，如果使用原有 SPEKE 协议，则在 EAP-TTLS 模式下，总体认证消息数为 26 条，消息交互轮回数为 7。因此 EAP-TTLS-MD5、EAP-TTLS-SPEKE、EAP-TTLS-SPEKEY 在 EAP-Based 模式下，消息数和交互轮回数对比如图 4-12 所示。

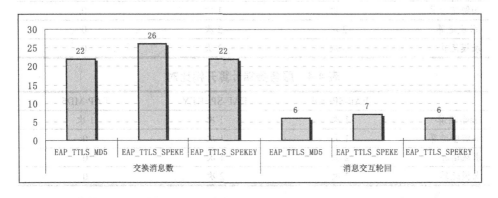

图 4-12　EAP-TLS-MD5、EAP-TTLS-SPEKE、EAP-TTLS-SPEKEY 的
认证消息比较

如 4.1.2 所述，EAP-TTLS-MD5 不能抵抗中间人攻击。而 EAP-TTLS-SPEKE 在身份认证阶段无法识别中间人攻击，对中间人攻击的识别将推后到 PKMv2 SA TEK 3-Way 握手的第一条消息，即整个 PKMv2 认证的第 8 个消息轮回。相比之下，EAP-TTLS-SPEKEY 未增加认证的交互轮数，并能够在身份认证阶段的第 5 轮发现中间人攻击。三种认证协议识别伪冒者攻击消息轮回数比对，如图 4-13 所示。

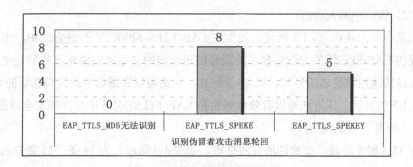

图 4-13　识别伪冒者攻击消息轮回数比较

由于三种方法的 TLS 握手阶段的计算消耗相同，则在考虑三种方法的计算开销时，仅需比较隧道阶段。三种方法在隧道阶段客户端、服务器端的计算开销，如表 4-3、表 4-4 所示。

表 4-3　客户端计算开销比对

	EAP-SPEKE	EAP-SPEKEY	EAP-MD5
Hash 运算	1 次	1 次	1 次
加解密运算	1 次	1 次	0
求底运算	2 次	2 次	0
求模运算	3 次	2 次	0

表 4-4　服务器端计算开销比对

	EAP-SPEKE	EAP-SPEKEY	EAP-MD5
Hash 运算	1 次	1 次	1 次
加解密运算	1 次	1 次	0
求底运算	2 次	1 次	0
求模运算	3 次	2 次	0

在比较开销时，改进的 EAP-SPEKEY 与原有 SPEKE 方法相比，增加了一次异或运算。由于 Hash、加解密、求底、求模运算是影响计算时延的主要因素，因而非同量级的的异或运算可以忽略不计。则计算开销比对如图 4-14 所示。

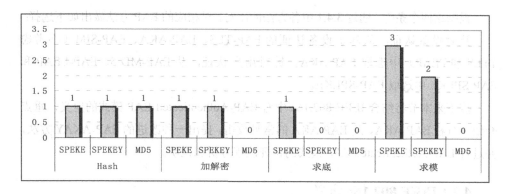

图 4-14 客户端（服务器端）三种方法的计算开销比对

依据上述计算性能比对，可以看出，改进的 EAP-SPEKEY 方法在传统的 EAP-TTLS-MD5 方法上，增加了计算开销，但是解决了该种模式下的中间人攻击问题。与改进前的 EAP-TTLS-SPEKE 方法相比，不仅提高了安全性能，能够在认证的第 5 轮发现伪冒 BS 攻击，而且降低了服务器端和用户端的运算开销。

3. 结　　论

通过对 EAP_SPEKE 方法的改进，提出的 EAP-SPEKEY 方法减少了原有机制的认证消息数、交互轮回数。其在 PKMv2 的 EAP_Based 模式下的应用，与 EAP-TTLS-MD5 方法相比，消息数、交互轮数相同，但能够在身份认证阶段识别中间人攻击，解决了传统 EAP-TTLS 方法的协议漏洞，增强了认证流程的安全性。

4.2 EAP-Authenticated EAP 模式：改进的 AKAY 方法 + 改进的 SPEKEY

在 3.4.2 中，本书分析了 IEEE 802.16e 中采用 EAP-EAP 模式的原因：即当没有合适的 EAP_based 方法时，双 EAP 模式可以作为一种替代；并且采用该双 EAP 模式可以既进行双向设备认证又进行双向用户认证；同时由于其可以对 EAP 方法自由搭配，在该种模式下通过两种 EAP 方法的结合可以取长补短，增强传统方法的安全性。由此其方法选取的原则应当满足四个条件：

- 双向的设备认证和用户认证；
- 抗攻击能力—重放攻击、中间人攻击；
- 简洁的证书和口令认证；
- 快速重认证或者重连接。

根据这四个条件，通过 3.4.1 中各方法的比对，对相应的 EAP 方法做出如下选择：

针对设备认证，从基于设备认证的 EAP-TLS、EAP-AKA、EAP-SIM（不考虑 TTLS 和 PEAP）中选取 EAP-AKA。针对用户认证，从 EAP-MD 5、EAP-LEAP 和 EAP-SPEKE 中选取 EAP-SPEKE。

接下来本节将结合 IEEE 802.16e 中对 EAP-Authenticated EAP 模式的定义，重点介绍和分析 EAP-AKA，及 EAP-AKA 的常见攻击，提出一种改进的 EAP-AKAY 方法，并进行 EAP-Authenticated EAP 模式的认证流程分析和说明。

4.2.1 IEEE 802.16e 定义

当进行了成功的 EAP 授权，如果 SS 和 BS 使用"EAP_based+Authenticated EAP"模式，即双 EAP 模式，则 Authenticated EAP 消息应当负责进行第二次 EAP 消息交换。为了防止"man-in-the-middle"中间人攻击，第一次和第二次 EAP 方法应当满足 RFC4017[110] 的"强制性准则"的规定。

如果 SS 和 BS 采用双 EAP 模式，则 SS 和 BS 按如下执行两轮 EAP，具体流程如图 4-15 所示。

首先为了进行双 EAP 认证的第一轮，SS 应当发送不带任何属性的 PKMv2 EAP Start 消息。接着 SS 和 BS 应当通过 PKMv2 EAP Transfer 消息执行第一轮 EAP 会话，而无须 HMAC/CMAC 消息验证。

在第一轮 EAP 会话中，如果 BS 发送 EAP_Success 消息，BS 需要通过使用 EIK 签字的 PKMv2 EAP Complete 消息将其作为负载发送给 SS。如果 SS 没有收到，BS 应当在 Second_EAP_Timeout 前重发送 PKMv2_EAP_Complete 消息，并且发送的 PKMv2_EAP_Complete 消息最多为 EAP_Complete_Resend 次。当 SS 接收到包含有 EAP_Success 负载的 PKMv2_EAP_Complete 消息时，即拥有 EIK 和 PMK。此时 SS 可以验证该消息。否则，如果 SS 接收到 EAP_Failure 或者是不可验证的消息时，则意味着认证失败。当 BS 将 PKMv2 EAP Complete 消息发送给 SS 后，BS 将激活 Second_EAP_Timeout 并等待 SS 的 PKMv2 Authenticated EAP Start 消息，如果该计时器过期，BS 将认为该认证失败。

当第一轮 EAP 成功后，SS 应当发送使用 EIK 标志了的 PKMv2 Authenticated EAP Start 消息来初始化第二轮 EAP 会话。如果 BS 通过 EIK 验证了该初始消息的有效性，则 BS 将向 SS 发送一个包含有 EAP_Identity/Request 的 PKMv2 Authenticated EAP 消息。如果 BS 不能验证该 Start 消息，则 BS 将认为认证失败。如果验证成功，SS 和 BS 在第二轮 EAP 会话中使用采用 EIK 标记的 PKMv2 Authenticated EAP Transfer 消息。

第4章 PKMv2 单一 EAP 及双 EAP 认证模式设计与改进

如果第二轮 EAP 成功,则 SS 和认证者 Authenticator 都会从得到的 PMK 和 PMK2 中产生 AK,随后 SS 和 BS 将执行 SA-TEK 3 路握手进行 TEK 交换。

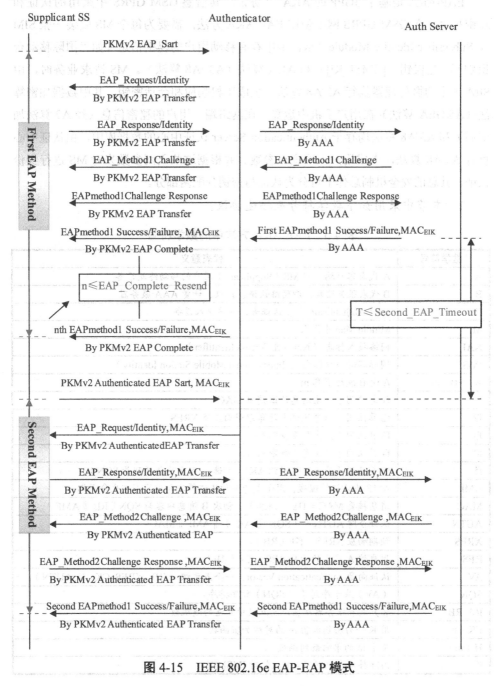

图 4-15 IEEE 802.16e EAP-EAP 模式

4.2.2 选取方法概述

EAP-AKA 是基于 3GPP 的 AKA[111] 协议，其借鉴 GSM GPRS 中采用的认证和加密技术。在 GSM GPRS 网中使用 EAP-AKA 方法，需要为每个 MS 安装一张 SIM （Subscriber Identity Module）卡，卡中存有移动用户的秘密信息（如"国际移动台识别码-鉴权钥"[IMSI_Ki]）和 AKA 算法（A3/A8 算法）。MS 请求业务时，由 SIM 卡中的微处理器执行 A3/A8 算法，生成鉴权响应和会话密钥，其中数据加密算法（A5/GEA 算法）在用户手机中运算。在网络端，用户的秘密信息（经 A2 算法加密后）和 A3/A8 算法均存于 Authentication Server 认证中心的数据库中，由认证中心执行 A3/A8 算法，生成用户入网安全参数。并根据这些入网参数来对 MS 进行身份认证。其总的安全机制总体上可分为认证与密钥分配两部分。

1. 本节中采用如下数学符号来描述协议：

表 4-5　EAP-AKA 方法中的数学符号

数学符号	代表意义
A	A 代表客户端，即 MS（Supplicant）用户的移动终端设备
B	B 代表服务器端，即网络认证、授权、计费 AAA 服务器
C	BS（Authenticator），认证者，网络接入设备
M	Middle Man 中间人
NAI	网络接入标志（Network Access Identifier）
IMSI	国际移动用户标志（International Mobile Station Identity）
A → B: m	A 向 B 发送消息 m
f1	f1 算法用于产生消息认证摘要 MAC
f2	f2 算法用于消息认证中计算期望响应值 XRES
f3	f3 算法用于产生加密密钥 CK
f4	f4 算法用于产生完整性密钥 IK
f5	f5 算法用于产生匿名密钥 AK'（可选，用于隐藏序列号 SQN）
AMF	AMF 为认证管理域，用于支持多种认证算法和设置密钥生命周期
MAC	消息摘要 MAC = f1k（消息），初次 B 消息内容为 SQN ‖ RB ‖ AMF
AUTN	认证令牌 AUTN =（SQN ⊕ AK'）‖ AMF ‖ MAC
XRES	预期响应 XRES = f2k（RB）
RES	用户端 A 产生的响应 RES = f2k（RB）
AV	认证向量 Authentication Vector，一个五元组（RB, XRES, CK, IK, AUTN）
SQN	（AV）基于序列号（SQN）顺序排序
RA RB	客户端和服务器端在消息互换中发送的随机数
EK（m）	用 K 作为密钥加密 m 的对称加密函数
H（m）	关于 m 的单向散列函数
K	国际移动台识别码-鉴权钥对 IMSI_Ki

第 4 章　PKMv2 单一 EAP 及双 EAP 认证模式设计与改进

f1—f5：3 G 安全结构中定义的算法，相关的参数生成结构如图 4-16。

NAI：具体格式见 RFC 2486[112]。EAP-AKA 通过在 NAI 中可包含客户端的临时标志 TIMSI（Temporary IMSI）提供快速重认证。即此次认证不是用户初次入网，不需要用户向服务器端再次提供 IMSI，就可以根据该临时标志（在 MS 的上一次认证过程中获得）取得标志用户身份和用于认证的 AV 向量。如果这是 MS 的首次认证，则 NAI 中包含的是 IMSI。

AV：认证向量。当进行初始认证时，服务器端将根据用户端提供的 NAI 及其中的共享密钥 K，以及产生的一组随机数 RB，生成若干个 AV，用 SEQ 标志。通过它，BS 可以实现与 MS/SS 的快速重认证，有关重认证的内容，本书将在第 6 章中进行探讨。

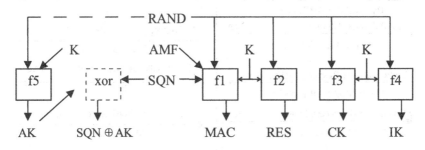

图 4-16　EAP-AKA 常用参数生成结构图

2. 初始化入网的 EAP-AKA 协议流程

在这里我们考虑初始化入网，利用 EAP-AKA 作为 EAP-Authenticated EAP 模式的第一个 EAP 方法。EAP_AKA 协议的实现系统由客户端 A（SS Supplicant）、C（认证者 BS）、B（Authentication Server，即 AAA 服务器）组成，实现流程如图 4-17 所示。

协议交互过程各个消息的组成如下：

① C→A：*EAP-Request/Identity (EAP_Type=23)*
② A→C：*EAP-Response/Identity (EAP_Type=23)，NAI*
③ C→B：*NAI*
④ B→C：R_B, *AUTN*
⑤ C→A：R_B, *AUTN*
⑥ A→C：*RES, MAC*
⑦ C→B：*RES, MAC*
⑧ B→C：*EAP-Success/Failure*
⑨ C→A：*EAP-Success/Failure*

EAP-AKA 协议由 A 通过 PKMv2 EAP Start 发起，C 收到后，首先向 A 发送一个

EAP 请求/身份标志消息，然后开始认证与密钥分配。

下面对协议进行详细的描述（如图 4-17）：

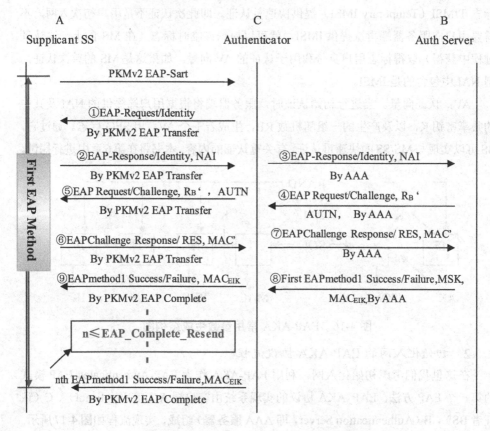

图 4-17 EAP-EAP 模式 EAP-AKA 方法

① C 向 A 发送一个 EAP Request/Identity 消息，其中 EAP_Type 值为 23 代表 EAP_AKA。

② 收到消息后，A 向 C 发送 EAP-Response/Identity 消息，其中 EAP_Type 等于 23 表示接受 EAP-AKA 为认证方法。并且在该消息中包含 NAI，其中指示了密钥 K。

③ C 将收到的包含有 NAI 的 EAP-Response/Identity 消息发送给 B 服务器。

④ B 收到 A 的身份标志 NAI 后，首先确定该用户是否有使用无线网络提供的服务的权限。然后从相关的认证服务中心中取得与该用户相关的认证向量 AV（如果是非初始化认证，同时也获得与该用户 IMSI 对应的新的临时标志）。AV 的计算如表 4-5 所示，其中 RB 是由服务器 B 端产生的随机数。同时还要生成 XRES、CK、IK、AUTN。随后，从 IK 和 CK 中生成共享密钥，用于认证成功后通信的机密性和

一致性保护。接下来通过 RB 和 AUTN 构造 EAP Request/AKA Challenge 消息。最后，将 EAP 请求/AKA Challenge 消息发送给 C。

⑤ C 将收到的 EAP Request/AKA 挑战消息发送给 A。

⑥ A 收到 EAP Request/AKA 挑战消息后，首先验证 AUTN，并确认接收的序列号 SQN 是否在有效范围内，如果都正确，则实现了对 B 服务器的认证。计算 IK 和 CK，从 IK 和 CK 中生成共享密钥，然后验证消息鉴别码是否正确，并保存收到的临时标志。计算 RES = f2k（RB，MAC'= f1k（RES），构造 EAP Response/AKA Challenge 消息，其中包含 RES 和 MAC'。最后，将 EAP Response/AKA Challenge 消息发送给 C。

⑦ C 将收到的 EAP Response/AKA Challenge 消息发送给 B 服务器。

⑧ B 服务器收到 EAP Response/AKA Challenge 消息后，首先验证消息鉴别码 MAC'，然后验证服务器端的 XRES 与收到的 RES 是否一致。如果正确，则认证了 A 的身份，并向 C 发送 EAP 成功的消息，该成功或者失败消息应当附带使用 EIK 计算的 HMAC 或者 EMAC 的消息验证码 MACEIK。同时一起发送的还有在接下来通信中用于机密性和一致性保护的共享密钥。

⑨ C 保存共享密钥 MSK（保持与 16e 中的一致性，则该共享密钥应该为 512 位，并用于与 A 通信时的机密性和一致性保护），并将 EAP 成功的消息发送给 A。

上述流程完成后，A 用户与 B 之间就实现了双向认证。并且，C 与 A 之间共享了会话密钥 MSK。根据 4.2.1 节中 IEEE 802.16e 对双 EAP 模式的流程定义，由 MSK 产生的 EIK 将用于 Authenticated EAP 方法中的机密性和一致性保护。同时，由 MSK 产生的 PMK 将被用于产生 AK（非 AKA 方法中的 AK'），基于 AKA 方法设计的双 EAP 模式的密钥层次将在后面的 4.2.6 节中进行说明。

4.2.3 方法漏洞：EAP-AKA 易受的攻击分析

在本节中主要探讨的是 MS 初入网络时的认证，所以只涉及三个角色，即 A（MS）、C（Authenticator，BS）、B（Authentication Server）。本节根据几种常见的攻击类型，探讨 EAP-AKA 的安全性。

1. 重放攻击

如上节所述，在计算 AUTN 以及 CK、IK、MAC 时使用了随机数和不断递增的序列号 SQN 作为输入，则攻击者不可能使用上一次认证时的消息进行重放攻击，因而保证了消息的新鲜性。并且在 16e 中使用来自于共享密钥 MSK 产生 EIK，并使用其作为 HMAC 的密钥产生消息摘要保护最后发出的 EAP_Success/Failure。如图 4-16

中的①—⑨。

2. 伪冒者攻击

虽然在第一次初始接入网认证时，用户的身份 NAI 以明文的方式发送给认证服务器端。但是，在认证过程中，产生的 CK、IK、共享主密钥都未在链路上出现，因而恶意移动站，很难截获到有关该次认证产生的共享信息，并利用其作为用户身份。由于采用双向认证，服务器端到用户端的认证也没有以明文的方式传递身份证明，而是采用 AUTN 作为自己的身份凭证。并且由于链路上出现的信息，除了 R_B 之外，都是基于共享主密钥 Ki 进行加密，如 AUTN，那么即使伪冒者截获相关的明文信息，也很难伪冒成任意一方。

但是每次都使用相同的主密钥 K，不能保证认证会话的前向和后向型安全，同时在无线链路上以明文方式传递的随机数 RB 增加了攻击者利用字典攻击，获取共享密钥信息的可能性。建议在不增加系统运算资源负担的前提下，进行随机数加密传递，并且采用一种可以进行共享密钥更新的机制。

3. EAP-AKA 中间人攻击构造与分析

如图 4-18，中间人通过调整功率，使得 SS 将其认为是 Authenticator。最初，M 可以通过转发 A 的 PKMv2 EAP_Start 消息要求开始进行 EAP 认证。

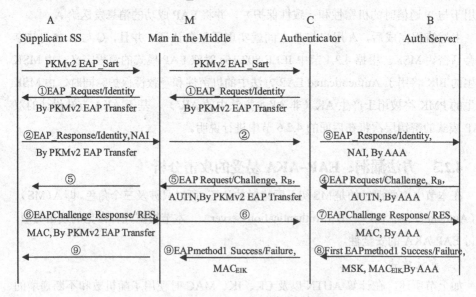

图 4-18　EAP-AKA 中间人攻击

当在①步时，中间人 M 可以将收到的回应消息发送给 A，发起 EAP 认证要求。A 回应①消息，发送②消息，中间人 M 将②转发给 C，并将 A 明文的 NAI 记录下来。

C 将相应的 NAI 及相关信息在③中发送给 B。B 根据 NAI 获得共享密钥 K，生成随机数 RB，计算 AK，CK，IK，MAC，AUTN，XRES，并将 AUTN 和 R_B，在消息④中发送给 C。C 将 AUTN 和 RB 在消息⑤中发送给 M。M 将⑤转发给 A，A 对此做出回应，检验 AUTN，验证 B 的身份，计算 MAC' 和 RES，由 M 将⑥转发给 C。接下来 C 将 MAC'、RES 在⑦中发送给 B。B 对此做出回应，发送 EAP_Success 或者 EAP_Failure 消息，并在⑧中发送给 C。C 在⑨中发送给 M，并由 M 转发给 A。

至此，虽然 M 并没有拥有共享密钥，但是 M 却成功地通过了第一轮 EAP-AKA 认证。

在这种情况下，如果在第二轮中，选取方法不能抵抗字典攻击，如 EAP-MD5 或者 EAP-LEAP 方法，可能会泄露第二轮的会话密钥，而导致信道不安全。同时如果在第一轮中，M 根据明文 NAI 和 RB、SEQ，通过 MAC = f1k（SQN ∥ RAND ∥ AMF）进行字典攻击，得到 K，则整个两轮 EAP 方法的安全性将失效。

那么，在不能保证 EAP-AKA 主会话密钥安全的前提下，TEK 3_way 握手的安全性也得不到保证，也就意味着整个两轮的安全性将失效。

如上所述，为了增加对 EAP-AKA 的攻击难度，应当从以下几个方面对 EAP-AKA 方法进行改进：

首先，对原有的 EAP-AKA 主密钥实现动态变化，即每次认证时动态的主密钥更新。

其次，对于暴露于信道上的明文信息进行隐藏：加密 RB、强制性隐藏 SEQ。

4.2.4 现有改进方案分析

在文献 [113] 中，提出了一种利用 SS 和 BS 共享密钥 K 和随机数，进行访问节点 SS 身份认证的方法。如 4.2.3 节所述，由于在 EAP-AKA 认证完成前，Authentication Server 并没有将加密密钥 CK 或者认证密钥 IK 发送给认证者 C（BS），即文献 [113] 中的基本前提不成立。同时根据 4.2.3 节的分析，当没有结合第二轮 EAP 方法时，第一轮 EAP 方法不能保证没有中间者 M 的存在。

在文献 [114] 中，提出在漫游状态下的，访问域对节点身份鉴别问题，其依赖于访问域和漫游节点家乡域间传递会话主密钥来实现。所以该方法的改进和文献 [113] 一样，在非漫游状态时并不适用，同时该文献也不能有效地察觉中间人 M 的存在。

在文献 [115] 中提出了一种共享密钥更新的机制。本节将分析其优缺点，如下：

1. 认证过程中各元素

Rm：由 A 产生的随机数；

Rv：由 C 产生的随机数；

Rh：由 B 产生的随机数；

Ek（ ）：加密算法；

E'k（ ）：：新密钥的加密算法；

$K_{i+1}=E'_{K_i}(h(RmRh))$：由用户和网络各自产生的更新密钥；

$AUTHhv=E_{K_i}(h(Rv.))$：从 B 到 C 产生的认证信息；

$AUTHhm=E_{K_{i+1}}(h(Rv))$：从 B 到 A 产生的认证信息

$AUTHmv=E_{K_i}(h(Rv))$：从 A 到 C 产生的认证信息；

$AUTHmh=E_{K_{i+1}}(h(Rh))$：从 A 到 B 产生的认证信息。

2. 协议的认证步骤

如图 4-19 所示。

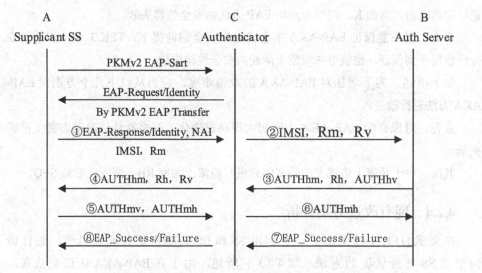

图 4-19　已有 EAP-AKA 改进的主密钥更新机制

① A 产生随机数 Rm 并发送给 C，若 A 是第一次入网或由于某种原因 C 需要 A 的永久身份认证，则 A 还要把 IMSI 与 Rm 一起发送给 C。

② C 收到 IMSI 和 Rm 后，产生随机数 Rv，并把 IMSI 和 Rm 一起发送给 B。

③ B 收到 C 发来的信息后，首先根据 IMSI 检索出 A 上次的密钥 K_i，并产生随机数 Rh，然后计算 $K_{i+1}=E'_{K_i}(h(RmRh))$，$AUTHhv=E_{K_i}(h(Rv))$，$AUTHhm=E_{K_{i+1}}(h(Rv))$，并把 AUTHhv、Rh 和 AUTHhm，发送给 C。

④ C 收到这些信息后，把 AUTHhv 存储起来，并把 Rh 和 AUTHhm 发送给 A。

⑤ A 收到 C 发来的消息后，首先计算 $K_{i+1}=E'_{K_i}(h(RmRh))$ 和 AUTH'hm=

$E_{K_{i+1}}$(h（Rv）)，验证 AUTH'hm=AUTHhm 是否成立，若不成立，则认证失败。若成立，则 A 认证 B 成功，然后计算 AUTHmv=E_{K_i}(h（Rv）)和 AUTHmh=$E_{K_{i+1}}$(h（Rh）)，并把这两个计算值发送给 C。

⑥ C 收到 AUTHmv=E_{K_i}(h（Rv）)和 AUTHhm=$E_{K_{i+1}}$(h（Rh）)后，首先验证 AUTHmv=AUTHhv 是否成立，如成立则认证成功，然后 C 把 AUTHhm 发送给 B，若不成立，则认证失败。

⑦ B 收到 AUTHhm 后，计算 AUTH'hm = $E_{K_{i+1}}$(h（Rh）)，并验证 AUTH'hm=AUTHhm 是否成立，若成立，则证明 A 是自己的合法用户，认证成功。若失败，则认证失败。

3. 协议的分析

文献 [115] 提出的协议改进，通过用户端和认证者提供的随机数构建双向认证的 AUTH 认证码，进行身份确认。这些身份认证码 AUTH 的作用等同于 XRES。该改进方法在原有的计算量上增加了认证码的计算。但该机制并没有提出如何进行密钥的生成和分发，特别是对 CK、IK、AK 的产生办法没有进行说明，如是否沿用原来的机制，还是重新定义等。

由于 EAP-AKA 支持快速重认证的需要，服务器端一次性将产生一组 AV（RB, XRES, CK, IK, AUTN），由于这种改进，抛弃了原有的 EAP-AKA 通过 RES 进行认证的方法，而是采用三方的随机数 Rm、Rv、Rh 代替 RB 计算 K_{i+1}，实现每次认证时的主密钥更新。但正是由于每次的主密钥更新都有三方参与，则其不能以此产生一组认证向量发送给认证者端，从而实现快速重认证。也就意味着，该改进办法不能充分利用原有 EAP-AKA 为 3G 网络设计的快速认证的特性。相应的，该改进也没有 MAC 来保护消息的一致性和消息的完整性，这使得攻击者能够轻松的进行消息的篡改。同时，虽然该改进能够实现每次认证时的主密钥更新，但其改进设计并不能察觉如图 4-18 的攻击方法。

4. 性能分析与计算消耗比对

改进前后的消息数没有改动，消息交互回合仍然为 3 轮，但是改进后服务器端和用户端的计算开销，如表 4-6 与 4-7 所示，与改进前向比有了较大的增幅。由于在文献 [115] 的改进办法并未对 MAC、IK、CK、AK' 进行定义，这里我们假设与改进前的 EAP-AKA 一致。根据表 4-6、表 4-7 统计内容进行计算开销的比对，如表 4-8、表 4-9 所示。

表 4-6　改进前后客户端计算内容

改进前 客户端	改进后客户端
RES = f2k（RB）	$AUTH'hm = E_{Ki.+1}(h(Rv))$
MAC = f1k（）	$AUTHmv = E_{Ki}(h(Rv))$
CK = f3k（RB）	$AUTHhm = E_{Ki.+1}(h(Rh))$
IK = f4k（RB）	CK
AK' = f5k（RB）	IK
MAC' = f1k（RES）	AK'
MACEIK	$K_{i+1} = E'Ki(h(RmRh))$
	生成 Rm
	MAC'

表 4-7　改进前后服务器端计算内容

改进前 服务器端	改进后服务器端
XRES = f2k（RB）	$AUTHhm = EKi.+1(h(Rv))$
MAC = f1k（）	$AUTHmv = EKi(h(Rv.))$
CK = f3k（RB）	$AUTHmh = EKi.+1(h(Rh))$
IK = f4k（RB）	$AUTHhv = EKi(h(Rv))$
AK' = f5k（RB）	IK
AUTN =（SQN $\oplus$ AK）‖ AMF ‖ MAC	AK'
生成 RB	CK
MACEIK	$K_{i+1} = E'Ki(h(RmRh))$
MAC' = f1k（RES）	生成 RB
	AUTN
	MAC'

表 4-8　改进前后客户端计算开销比对

	改进前客户端	改进后客户端
加解密计算	4 次	7 次
MAC 计算	3 次	3 次
Hash 运算	0 次	4 次
随机数生成	0 次	1 次

表 4-9　改进前后服务器端计算开销比对

	改进前 服务器端	改进后服务器端
加解密计算	4 次	8 次
MAC 计算	3 次	3 次
Hash 计算	0 次	5 次
随机数生成	1 次	1 次

如图 4-20 和 4-21，通过比对我们发现该种改进大大地增加了认证过程的计算开销。

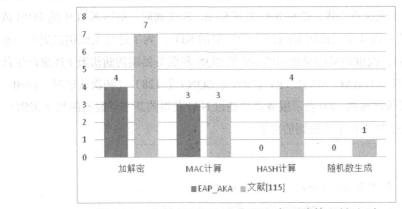

图 4-20　文献 [115] 改进前后客户端计算开销比对

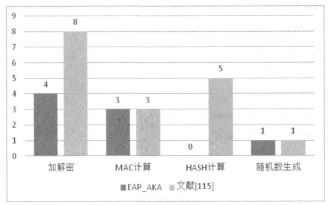

图 4-21　文献 [115] 改进前后服务器端计算开销比对

5. 结　　论

虽然文献 [115] 提出了一种改进的 EAP-AKA 算法，试图解决主密钥更新的问题。但是该解决办法明显地增加了客户端和服务器端的计算开销。并且其改进忽略了 EAP-AKA 支持快速重认证的特性，并不适用于 IEEE 802.16e 的移动特性需求。

4.2.5　改进方案：EAP_AKAY

根据上面对已有改进的分析，为了进行每次认证的主密钥更新，本书提出一种 EAP-AKA 改进方法 EAP-AKAY。其采用更新密钥的改进策略，同时较少地增加客户端和用户端的计算量，来增强原有认证机制的安全。如图 4-22 所示，具体的改进如下：

首先，在①步中 A 向 C 发送 PKMv2 EAP-Start 要求开始认证。在②步中，C 向

A 发出 EAP 申请，要求进行 EAP-AKA 方法的验证。在③步中，A 向 C 回应，并且同时发送附带自己 Ki 的 NAI。如果该次是初始入网，则凭证为 IMSI，非初次入网则为 TIMSI。接下来在第④步，C 将 NAI 发送给 B。B 收到后，根据 NAI 中的 IMSI 或者（TMSI）获得预共享的密钥 Ki（或上次协商的 Ki）。为了进行主密钥的更新，和文献 [115] 不同，改进的策略是使用的 AV 的 SQN 和服务器端的随机数 RB 来产生此次共享密钥：K_{i+1}=HMAC_SHA1（Ki ｜ RB ｜ SQN i ｜ 128）（初次认证时，i<=0，SQN0=1，以后依次递增，K0 表示服务器端通过 NAI 获得的新节点最初的共享密钥）。于是在服务器端 B 进行了主密钥的更新。

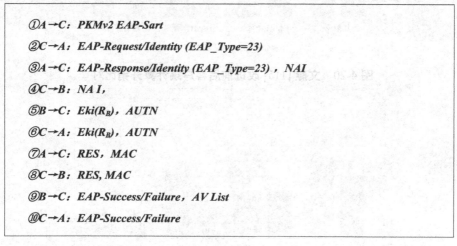

① A→C：*PKMv2 EAP-Sart*
② C→A：*EAP-Request/Identity (EAP_Type=23)*
③ A→C：*EAP-Response/Identity (EAP_Type=23)，NAI*
④ C→B：*NA I,*
⑤ B→C：*Eki(R_B)，AUTN*
⑥ C→A：*Eki(R_B)，AUTN*
⑦ A→C：*RES，MAC*
⑧ C→B：*RES, MAC*
⑨ B→C：*EAP-Success/Failure，AV List*
⑩ C→A：*EAP-Success/Failure*

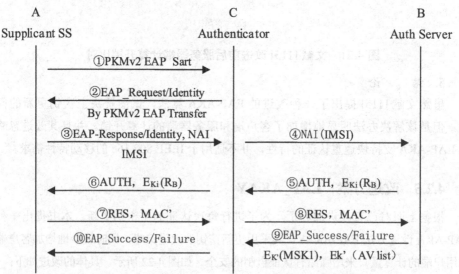

图 4-22　EAP-AKAY 改进的密钥更新机制

同时将用户的 IMSI 更改为 TIMSI，并且将该新生成的 K_{i+1} 与 TIMSI 相关联。
接着根据 K_{i+1} 的值计算：

- $SQN_{i+1} = SQN_i + 1$
- $MAC = f1k_{i+1}（SQN_{i+1} \| R_B \| AMF）$
- $XRES = f2\ k_{i+1}（R_B）$
- $CK = f3\ k_{i+1}（R_B）$
- $IK = f4\ k_{i+1}（R_B）$
- $AK = f5\ k_{i+1}（R_B）$
- $AUTN =（SQN_{i+1} \oplus AK）\| AMF \| MAC$
- $E_{Ki}（R_B）$

由于主密钥仅来源于 SQN、Ki、R_B，也就意味着主密钥 Ki 的产生和更新仅由服务器决定。因此基于一组 R_{Bi}，服务器可以相应的地产生一组 Ki 的认证向量 AV List。将这一组 AV 向量中相应的 R_{Bi}，替换成 $Eki（R_{Bi}）$，其中 i=1,2,3…K，K 为认证服务器端 B 一次产生的 AV 向量的个数。由于保留了 AV 向量列的产生，改进的 EAP-AKAY 仍然可以支持快速重认证。

计算完毕，在第⑤步，B 将 AUTN 和 $E_{Ki}（R_B）$ 发送给 C。C 将收到的 AUTN 和 $E_{Ki}（R_B）$ 在⑥步中转发 A，A 收到后，首先使用 Ki 解密 $E_{Ki}（R_B）$ 得到 R_B，由于 A 知道 SQN'_{i+1} 的值，则计算 $K_{i+1}=HMAC\_SHA1（Ki \| R_B \| SQN_i \| 128）$，接下来计算 $AK = f5\ k_{i+1}（R_B）$。于是从 AUTN 中得到 SQN_{i+1}，看与自己计算的 SQN'_{i+1} 是否一致，计算 $MAC' = f1k_{i+1}（SQN_{i+1} \| R_B \| AMF）$，验证 AUTN 中的 MAC 是否一致，如均一致，则证实服务器的身份，接下来计算：

- $RES = f2\ k_{i+1}（RB）$
- $CK = f3\ k_{i+1}（RB）$
- $IK = f4\ k_{i+1}（RB）$
- $MAC = f1k_{i+1}（RES）$

计算完毕，在第⑦步 A 将 RES 和 MAC 发送给 C。第⑧步，C 将 RES 和 MAC 转发给 B。B 接收到以后，计算 $MAC'\ f1k_{i+1}（RES）$，并且将 RES 和 XRES 比较，如果一致，则认证 A 为合法用户，否则认证失败。如果成功，进行⑨步，B 将认证结果发送给 C，成功则将新生成的一组 AV 向量发送给 B，用于之后的重认证。最后第⑩步，C 将认证结果转发给 A。

至此认证结束，如果认证成功，A 和 B 享有此次产生的会话密钥 CK 和一致性检验密钥 IK，并且 B 还拥有了一组可以用于快速重认证的 AV 向量。接下来双方，通过 CK 和 IK 产生 MSK，保护二轮 EAP 方法。

4.2.6 改进方案安全性能分析

本节进行改进方法的 EAP-AKAY 的安全性能分析。

1. 抵抗攻击分析

在抵抗重放攻击方面：在消息②中，当进行初始认证之外的其他重认证时，将会使用不同的隐性用户凭证 TIMSI，攻击者即使获得 TIMSI 也无法知道用户的真实身份信息。TIMSI 的动态变化能够抵抗对信息的重放攻击和伪冒，并且保护了用户身份。在消息③—⑤中，消息都携带了随机数，针对消息③—⑤的重放攻击由于使用过期的随机数将会被接收端被觉察。随后的消息也均使用动态更新的共享密钥 K_{i+1} 和相应的加密算法来保护消息的完整和一致性。因此每次更新的主密钥使得针对⑥—⑨的重放攻击失效。因此改进的 EAP-AKAY 整个流程即消息②—⑨均可以抵抗重放攻击。

在抵抗消息篡改攻击方面，由于在消息⑥—⑨中使用了 f1k()，即 MAC 函数，因而保护了消息的一致性。并且在最后的消息⑩中，C 和 A 得到 MSK，并由此产生 PMK 和 EIK，这些密钥接下来将被用于产生 MACEIK。根据 IEEE 802.16e 对第二轮 EAP 方法的定义，随后发送的 EAP_Success/Failure 消息使用 PKMv2 Authenticated EAP Transfer 消息进行传送，并且该则消息附带上 MACEIK 消息摘要，防止消息的篡改。同时在消息②—⑦中，由于 EAP-AKA 本身的特性，无论篡改任何一条消息，都会导致认证失败。因而该种方法能够抵抗中间节点对消息的恶意截获、篡改攻击。

同时，该种改进方法还可以提供前向和后向安全性。其中前向安全性意味着即使某一攻击者知道了此次加密密钥 K_{i+1}，也无法根据其获得前次密钥 Ki。由于 EAP_SPEKE 主密钥动态更新机制，是将 Ki 和服务器端生成的随机数、SEQ 作为输入参数，利用单向散列函数 HMAC-SHA1 来计算产生 K_{i+1}。而这些输入数据均没有以明文的方式在无线链路上出现。根据单向函数的特性，攻击者即使知道了 K_{i+1}，在不知道输入参数的情况下难以逆向推导 Ki，因此保证了前向会话的安全。而后向安全性即意味着即使某一攻击者知道了前次加密密钥 Ki，也无法根据其获得此次密钥 K_{i+1}。由于在认证时由 BS/认证服务器中发送给 MS 的是使用 AK' 保护的 SEQ，在不知道 K_{i+1} 的情况下，攻击者既不能得到 AK'，也不能通过解密获得 RB 生成相应的 K_{i+1}，因此保证了后向安全性。

在中间人攻击方面，在保证共享的加密密钥未被泄漏的前提下，如果中间人 M 处于 A 和 C 之间，侦听该信道上的消息，由于协议本身的设计可以抵抗重放攻击和消息的篡改，因此攻击者的行为都会被 B 端或者 A 端发现。

伪冒者攻击方面，由上述的分析可知，在难以得到共享密钥 Ki 的情况下，中间人想要伪冒成认证的任何一端，进行会话劫持都是很困难的。可能的情景即中间人对 A 端伪装成 C，对 C 端和 B 端假冒为 A，进行被动监听，如 4.2.3 中间人攻击。根据 4.2.3 的分析可以看出，这种攻击在进入到下一轮 EAP 会话时，当中间人想要劫持会话时，会由于没有生成的 EIK 而导致认证失败。

在本书中的改进中，将 RB 进行了加密传送，同时更新了共享密钥 Ki。使得每次认证时采用的共享密钥不同，增加了如 4.2.3 所述中中间人监听并进行字典攻击的难度。并且该改进办法沿用了 CK、IK、AK 以及 AV 向量的产生机制，将更新的密钥和 TMSI 联合，能够提供重认证需要的快速重认证（该快速重认证将在 6.5 中进行论述）。

2. 算法的计算性能比对

从无线网络的认证协议设计来说，应该尽可能地减少协议认证带来的运算开销和运算时延。当仅考虑初始化入网时的全认证，本节提及的三种 AKA 协议——本节改进的 EAP-AKAY、原有 EAP-AKA、文献 [115] 改进 AKA 的计算内容，如表 4-10、表 4-11 所示。

表 4-10 客户端计算内容比对

改进前 客户端	文献 [115] 客户端	EAP-AKAY 客户端
RES = f2k（R_B）	AUTHhm=E_{Ki+1}（h（Rv））	RES = f2k（R_B）
	AUTHmv=E_{Ki}（h（Rv.））	DK（EK（R_B））
	AUTHhm=E_{Ki+1}（h（Rh））	
CK= f3k（R_B）	CK	CK= f3k（R_B）
IK= f4k（R_B）	IK	IK= f4k（R_B）
AK= f5k（R_B）	AK'	AK= f5k（R_B）
	Ki+1=E'_{Ki}（h（RmRh））	Ki+1=HMAC_SHA1（Ki｜RB｜SEQ｜128）
	生成 Rm	
MAC = fl_k（ ）	MAC'	MAC = f1k（ ）

表 4-11 服务器端计算内容比对

改进前服务器端	文献 [115] 服务器端	EAP-AKAY 服务器端
XRES = f2k（RB）	AUTHhm=$E_{Ki.+1}$（h（Rv））	RES = f2k（RB）
	AUTHmv=E_{Ki}（h（Rv.））	E_K（RB）
	AUTHmh=$E_{Ki.+1}$（h（Rh））	
	AUTHhv=EKi（h（Rv））	
IK= f4k（RB）	IK	IK= f4k（RB）
AK= f5k（RB）	AK'	AK= f5k（RB）
CK= f3k（RB）	CK	CK= f3k（RB）

续表

改进前服务器端	文献 [115] 服务器端	EAP-AKAY 服务器端
	$K_{i+1}=E'K_i(h(R_mR_h))$	$K_{i+1}=HMAC\_SHA1(K_i \mid R_B \mid SEQ \mid 128)$
生成 R_B	生成 R_B	生成 R_B
$AUTN = (SQN \oplus AK) \parallel AMF \parallel MAC'$		
$MAC = f1_k()$	MAC'	$MAC = f1_k()$

则依据表 4-10,4-11 所示,归纳的三种方法的计算开销,如表 4-12,表 4-13 所示。

表 4-12　客户端计算开销比对

	改进前客户端	文献 [115] 客户端	EAP-AKAY 客户端
加解密计算	4 次	7 次	5 次
MAC 计算	3 次	3 次	3 次
Hash 运算	0 次	4 次	1 次
随机数生成	0 次	1 次	0 次

表 4-13　服务器端计算开销比对

	改进前服务器端	文献 [115] 服务器端	EAP-AKAY 服务器端
加解密计算	4 次	8 次	5 次
MAC 计算	3 次	3 次	3 次
Hash 计算	0 次	5 次	1 次
随机数生成	1 次	1 次	1 次

如图 4-23 和 4-24 所示,从客户端来看,EAP-AKAY 比文献 [115] 提出的改进办法,在每一项运算开销上都小。相对于改进前的 EAP-AKA 来说,仅仅多了一次加解密运算和一次 Hash 运算。增加的运算开销主要用于进行主密钥更新和随机数的解密获取。

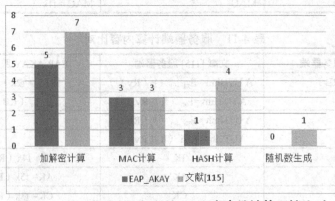

图 4-23　EAP-AKAY 和文献 [115] 客户端计算开销比对

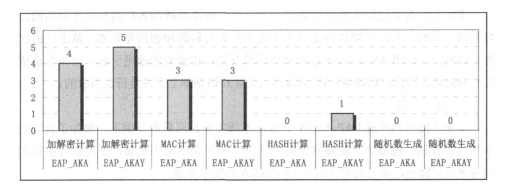

图 4-24　EAP_AKAY 和改进前 EAP_AKA 客户端计算开销比对

如图 4-25 和图 4-26 所示。从服务器端来看，EAP-AKAY 比文献 [115] 的每一项运算消耗指标都小。并且相对于改进前的 EAP-AKA 方法，仅多了一次 Hash 算法和一次加解密算法。增加的运算开销和客户端开销仅用于主密钥的更新和随机数的加密传递。

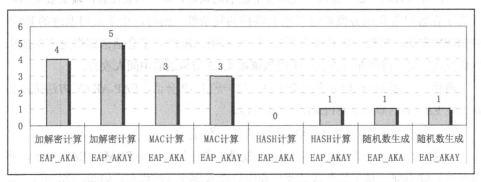

图 4-25　EAP-AKAY 和改进前 EAP-AKA 服务器端计算开销比对

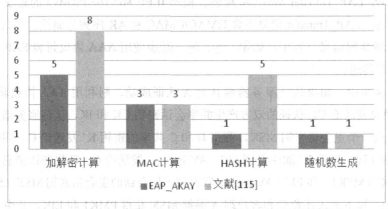

图 4-26　EAP-AKAY 和文献 [115] 服务器端计算开销比对

事实上，为了进行主密钥的更新，不可避免地需要增加客户端和服务器端的计算开销，当然，也需要增加传递用于生成主密钥材料的加密运算开销。从上述的比较可以看出，EAP-AKAY 改进后增加的运算开销仅由必要的改进引起，而没有造成冗余的消耗，因此，EAP-AKAY 的改进从运算开销基础上来说是符合需求的。

3. 结　　论

本部分提出的改进 EAP-AKAY 方法在不增加消息回数的基础上，增加了合理的少量运算开销，能够进行隐藏密钥材料信息传递和共享密钥更新，不仅保持协议的快速重认证特性，而且增强了原有 EAP-AKA 的安全性能。

4.2.7　改进方案认证流程

本节针对 EAP-Authenticated EAP 模式，设计了一种 EAP-AKAY+EAP-SPEKEY 两种改进办法结合的认证方式。认证中首先进行 EAP-AKAY 认证，即设备认证，接下来进行 EAP-SPEKEY 认证，即用户的身份认证。

这两种方式的结合，都没有使用基于证书的认证，即不需要在客户端安装证书，避免了在客户端和服务器端进行证书维护的复杂性。同时，由于采用改进的 EAP-SPEKEY 方法，将第一轮认证会话密钥 CK 和第二阶段共享会话密钥绑定产生加密密钥发送密文，能够在身份认证阶段抵御如 4.2.3 节构造的中间人攻击。

两种方法的结合可以分为两个阶段：第一轮 EAP 会话，EAP-AKAY 方法阶段和第二轮 EAP 会话即 EAP-SPEKEY 方法阶段。

1. 采用改进的 EAP-AKAY 方法的第一轮会话

如图 4-27 所示，第①步，用户端 A 发送不带任何负载的 PKMv2 EAP_Start，要求开始 EAP 认证。接下来在认证者 C 和申请者 A 间交互的信息，如②、③、⑥、⑦，采用 PKMv2 EAP_Transfer Message 封装。根据 IEEE 802.16e PKMv2 的定义，用户初始接入时，EAP_Transfer 消息不含 HMAC/CMAC 和 AK 序列号属性。在认证者 C 和服务器端 B 的信息交互中，如④、⑤、⑧、⑨步使用 AAA 协议封装 EAP 方法信息进行消息传递。

在第⑨步中，如果认证服务器端 B 对 A 认证成功，则利用 AAA 协议将 EAP_Success 消息发送给 C，认证的双方产生共享会话密钥 CK 和 IK。认证服务器端将这些密钥生成一个主会话密钥 MSK，利用 B 和 C 共享的密钥 K' 发送给 C。同时生成的一组 AV List，使用 K' 加密得到 Ek'（AV list），发送给 C。C 收到该消息后，通过解密 Ek'（MSK1）和 Ek'（AV list），获得第一轮会话的主会话密钥 MSK（512 位）和 AV List。接下来认证者 C 和客户端 A 根据 MSK 获得 PMK1 和 EIK。其中 EIK 将用于接下来的 EAP_Complete 和第二轮 EAP 方法的消息摘要计算。

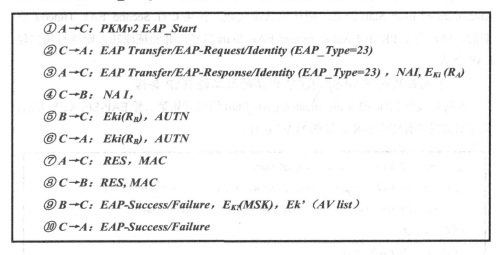

① $A \rightarrow C$：PKMv2 EAP_Start
② $C \rightarrow A$：EAP Transfer/EAP-Request/Identity (EAP_Type=23)
③ $A \rightarrow C$：EAP Transfer/EAP-Response/Identity (EAP_Type=23)，NAI，$E_{Ki}(R_A)$
④ $C \rightarrow B$：NA I，
⑤ $B \rightarrow C$：$Eki(R_B)$，AUTN
⑥ $C \rightarrow A$：$Eki(R_B)$，AUTN
⑦ $A \rightarrow C$：RES，MAC
⑧ $C \rightarrow B$：RES, MAC
⑨ $B \rightarrow C$：EAP-Success/Failure，$E_{KA}(MSK)$，Ek'（AV list）
⑩ $C \rightarrow A$：EAP-Success/Failure

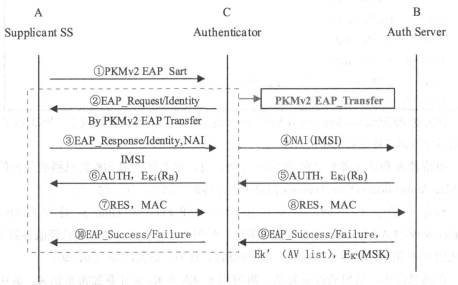

图 4-27　EAP-Authenticated EAP 的第一轮 EAP-AKAY 方法

第⑩步中 C 将 EAP_Success 用 EAP_Complete 封装，并附带上基于 EIK 的消息摘要 MAC，发送给 A。接下来 C 将等待 A 的第二轮 EAP 方法申请，即 PKMv2 Authenticated EAP_Start 消息。该消息应当包含 EIK 作为消息摘要密钥的消息摘要。如果得到的消息与 C 端计算的不符，则认为认证失败。在 Second_EAP_Timeout 到期前，C 在未得到 PKMv2 Authenticated EAP Start 消息时，可以重发送⑩中消息次数不超过 EAP_Complete_Resend 次。如果在 Second_EAP_Timeout 时间内未接收到 PKMv2 Authenticated EAP_Start 消息，则认为认证失败。如果 C 在 Second_EAP_Timeout 到期前，接收到了 PKMv2 Authenticated EAP_Start 消息，并验证成功，即进行第二轮 EAP 会话。

2. 采用改进的 EAP-SPEKEY 方法的第二轮 EAP 会话

A 向 C 发送 PKMv2 Authenticated EAP_Start 消息开始第二轮 EAP-SPEKEY 方法。该则消息附带有使用 EIK 计算的 MAC 摘要。

① $A \rightarrow C$: PKMv2 Authenticated EAP-Start
② $C \rightarrow A$: PKMv2 Authenticated EAP Transfer/EAP-Request/Identity/EAP_Type=41
③ $A \rightarrow C$: PKMv2 Authenticated EAP Transfer/EAP-Response/Identity/EAP_Type=41, Q_A
④ $C \rightarrow B$: Q_A
⑤ $B \rightarrow C$: $Q_B, E_K(R_B | Q_A)$
⑥ $C \rightarrow A$: $Q_B, E_K(R_B | Q_A)$
⑦ $A \rightarrow C$: $E_K(R_A, R_B)$
⑧ $C \rightarrow B$: $E_K(R_A, R_B)$
⑨ $B \rightarrow C$: EAP-Success/Failure, $E_{K|}(MSK2)$
⑩ $C \rightarrow A$: EAP-Success/Failure

在发送 PKMv2 Authenticated EAP_Start 消息时，为了防止重放攻击，PKMv2 在该消息中增添了移动站的随机数。

申请者 A 和认证者 C 之间的 EAP 方法消息，封装在使用 EIK 消息摘要保护的 PKMv2 Authenticated EAP Transfer 消息中进行传递，如②、③、⑥、⑦、⑩。

和第一轮会话不同，认证结束时的 EAP_Success/Failure 封装在 PKMv2 Authenticated EAP Transfer 消息中进行发送。如图 4-28，在认证者 C 和认证服务器 B 之间的 EAP 消息，使用 AAA 协议（如 Radius）封装，如④、⑤、⑧、⑨。

在消息⑤中，采用的改进算法，将使用 $K = K_h \oplus K_s$ 来计算加密密钥 K。其中 $K_S = h$ （QAXB mod p），是服务器端和用户端隧道阶段产生的共享密钥。K_h 对应第一次 EAP-AKAY 成功后生成的密钥 CK。在 B 收到 EK（R_A，R_B）并验证 R_B 成功后，利用 K_s 生成第二轮方法主会话密钥 MSK2，通过 K' 加密在⑨的 EAP 成功消息中发送给 C。随后 C 将 MSK2 截断获得 PMK2，结合第一轮会话产生的 PMK1，计算得到授权密钥 AK。

在得到 B 的 EAP_Success 消息后，C 利用 PKMv2 Authenticated EAP Transfer 消息把 EAP_Success 消息发送给 A。A 根据所掌握的 MSK 和 MSK2 计算 AK。最

终 A 与 C 拥有了授权密钥 AK，身份认证和授权成功。接下来开始如 2.6 节所述的 PKMv2 TEK 3 WAY 握手，进行 TEK 的协商交换。

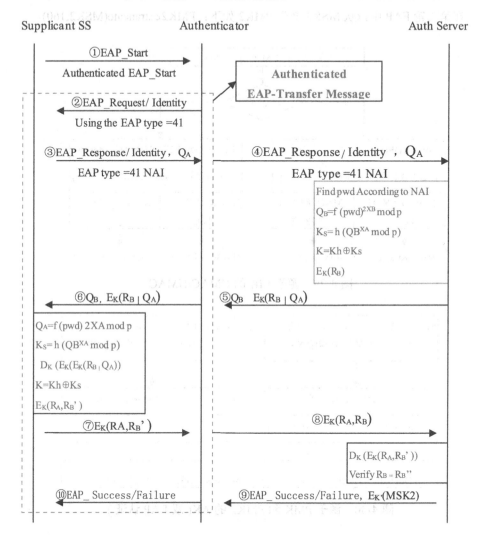

图 4-28 EAP-EAP 中的 EAP-SPEKE 方法

3. 两种结合办法采用的密钥生成层次

第一次 EAP 发生时将产生 160 位的 EIK（EAP Integrity Key），该 EIK 将作为消息摘要的加密密钥保护第二轮的 EAP 方法认证。图 4-29 描述了来源于 EIK 的消息验证密钥的生成过程。这些消息验证密钥是在 PKMv2 Authenticated_EAP_Transfer 消息中计算 CMAC 值或者 HMAC 输出使用。

图 4-30 描述了在 EAP_EAP 模式下,AK 的生成方式。在第一轮 EAP 方法中,PMK 和 EIK 的产生如下式:EIK|PMK$\Leftarrow$trancate(MSK,320)

在第二轮 EAP 中,从 MSK2 产生 PMK2 如下:PMK2$\Leftarrow$trancate(MSK2,160)

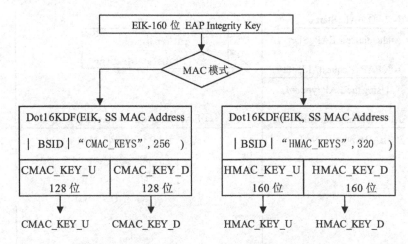

图 4-29 源于 EIK 的 CMAC/HMAC

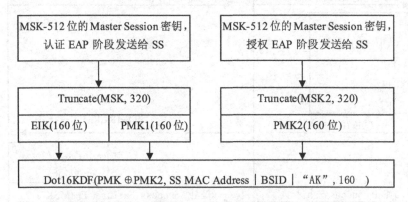

图 4-30 源于 PMK 和 PMK2 的 AK(双 EAP 认证)

4.2.8 两种改进方法结合方式的安全性能分析

1. 抵抗攻击能力

(1)消息重放:

在第一轮 EAP-AKAY 方法中,如 4.2.6 所述,改进的 EAP_AKAY 方法,由于使用了 TIMSI 和随机数可以有效地抵抗消息的重放攻击。在第二轮 EAP_SPEKEY 方法中,使用改进的 EAP-SPEKEY 方法,如 4.1.3 和 4.1.5 所述,由于在消息中使用了随机数,该改进方法可以有效地抵抗重放攻击。

因而在设计的两个阶段，均能有效地抵抗消息重放攻击。

（2）消息的篡改和插入：

在第一轮 EAP-AKAY 方法，如 4.2.6 所述，由于使用了随机数和消息验证算法 f1（），改进的 EAP-AKAY 方法可以很好地抵抗消息的篡改和插入。在第二轮 EAP-SPEKEY 方法中，首先如 4.1.3 和 4.1.4 所述，消息使用了随机数，并且交换使用预先共享的用户 pwd 产生相应的 Q_A、Q_B，通过各自产生的 Ks 来验证是否正确获取了会话密钥，因此对消息的篡改和插入都会导致在接收端验证失败。由此在进入第二轮 EAP-SPEKE 方法时，能够很好地抵抗消息的篡改。

同时根据 IEEE 802.16e 中对两轮 EAP 方法的规定，第二轮 EAP 方法使用带消息验证码的 Authenticated EAP_Start 和 Authenticated EAP_Transfer 消息来发起和传递 EAP-SPEKEY 方法认证消息。当攻击者在不知道第一轮 EAP-AKAY 方法产生的 PMK1 情况下，对第二轮 EAP-SPEKEY 方法的消息发起篡改攻击时，由于无法产生正确的消息验证码，将被接收端识破。

因此，EAP_EAP 认证模式下的 AKAY+SPEKEY 方法，能够很好地抵抗消息的篡改和插入攻击。

（3）伪冒者（中间人攻击）：

在第一轮 EAP-AKAY 方法中，如 4.2.3 所述，对于需要双向认证的 EAP-AKAY 方法，攻击者在不知道共享密钥 Ki 的情况下，很难（如图 4-17 所示）对 A 伪冒成 C，对 C 伪冒成 A。所以在该阶段，攻击者仅能采取被动监听，尝试字典攻击。由于改进的 EAP-AKAY 方法在每一次进行认证时，都会更新主密钥，并且传输加密的 RB，则改进的 EAP-AKAY 方法能够很好地抵抗在被动监听时的字典攻击。

在第二轮 EAP-SPEKEY 方法中，如 4.1.5 所述，EAP-SPEKEY 方法由于将第一阶段 EAP 方法产生的 PMK1 和第二阶段产生的会话密钥绑定，其能够很好地抵抗中间人攻击。并且在带消息验证码的 IEEE 802.16e PKMv2 Authenticated EAP_Start/Transfer 的保护下，该消息能抵抗篡改和插入攻击，从而能够更好地抵抗中间人攻击。

由以上分析可以看出，在 EAP_EAP 模式下，采用 EAP-AKAY+Authenticated EAP-SPEKEY 方法的结合，能够很好地抵抗无线网络中存在的主要攻击。

2. 计算开销比对分析

针对 EAP-Authenticated EAP 模式，本节设计的方案为 EAP-AKAY+EAP-SPEKEY，即两种改进方法的结合。在 4.2.6 节，我们进行了改进 EAP-AKAY 和改进前 EAP-AKA、文献 [115] 三种方法的安全性能比对分析。从安全性、计算开销来说，

EAP-AKAY 均优于文献 [115] 的改进，同时也有效地增强了 EAP-AKA 的安全性能。本节将与 4.1 节设计的 EAP-TTLS-SPEKEY（单一 EAP_Based 模式）改进方法在计算开销上进行比对分析。其意味着，当服务器端既可支持基于 EAP-TTLS-SPEKEY 的单一 EAP 方法认证模式，又可支持基于 AKAY+SPEKEY 的双 EAP 方法认证模式时，该如何进行选择。

在 AKAY+SPEKY 方法中：EAP-AKAY 方法交换消息为 10 条，如图 4-26 所示；EAP-SPEKEY 方法交换消息为 10 条，如图 4-27 所示。两种办法的结合，其认证协议的交互回合（不考虑作为 Authenticator 的 C 转发消息）为 6 轮，总消息数为 20 条。根据 SPEKEY 方法的设计，可在第 5 轮发现伪冒 BS 攻击。在 EAP_Based 认证模式下设计的 EAP-TTLS-SPEKEY 方法，总认证消息数为 22 条，交互轮回为 6 轮。该种设计根据 SPEKEY 的设计，可在认证的第 5 轮发现伪冒 BS 攻击。两者之间的总消息数和交互轮回数比较如图 4-31 所示，两者之间察觉伪冒 BS 攻击的消息轮回数比对如图 4-32 所示。通过数据比对可以看出，AKAY+SPEKEY 方式的结合解决方案，在总消息数的性能指标优于 TTLS-SPEKEY，其他性能指标持平。

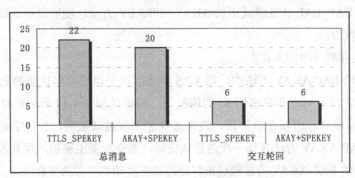

图 4-31　总消息和认证交互消息数比对

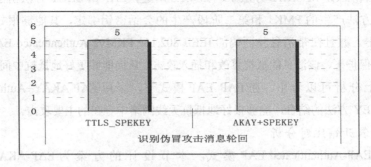

图 4-32　识别伪冒攻击消息回数比对

在计算开销方面，两种方法都在第二阶段使用了 SPEKEY，并都会针对第二阶段的每条消息使用数字签名。不同的是，EAP-TTLS-SPEKEY 在进行第二阶段的 EAP-SPEKEY 方法认证时，将对每一条 EAP-SPEKEY 认证消息进行加密，并封装在 TTLS 的 AVP 中，其意味着第二阶段的 SPEKEY 方法的 4 条交互信息，客户端/服务器端均将增加 4 次加解密计算。在进行 EAP-TTLS-SPEKEY、EAP-AKAY 和 EAP-SPEKEY 三种方法比对时，将第二阶段增加的加解密柔和进第一阶段，针对第一阶段考虑两个阶段的综合计算开销，比对值如表 4-14、4-15 所示。其中我们将随机数生成、PRF（TTLS 的一个伪随机序列产生函数）和 MAC 一起综合考量。

表 4-14 客户端计算开销比对

	EAP-TTLS-SPEKEY	EAP-AKAY+EAP-SPEKEY
加解密计算	5 次	5 次
Hash/PRF	10 次	1 次
MAC 运算	4 次	3 次

表 4-15 服务器端计算开销比对

	EAP-TTLS-SPEKEY	EAP-AKAY+EAP-SPEKEY
加解密计算	5 次	5 次
Hash/PRF	8 次	2 次
MAC 计算	4 次	5 次

如图 4-33 和 4-34 可以看出，在这两种认证模式下，采用 EAP-AKAY+EAP-SPEKEY 的双 EAP 认证方法计算开销更小。

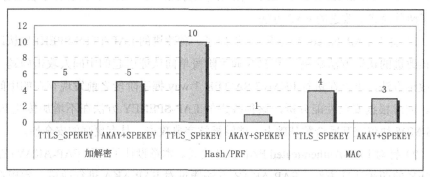

图 4-33 两种认证模式设计方法的客户端计算开销比对

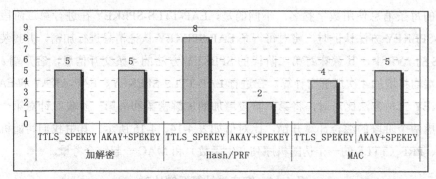

图 4-34　两种认证模式设计方法的服务器端计算开销比对

3. 结　论

由本节对该方法的抗攻击安全性能分析得知,该种方法和 EAP-TTLS-SPEKEY（改进的单一模式设计方法）具有同样的抵抗消息重放、篡改、中间人攻击的能力。因此如果服务器端和认证者端同时支持两种模式下改进的方法时,从减少计算开销、减少交互消息数的角度考虑,选择 EAP-AKAY+EAP-SPEKEY 方法在较小的计算开销下能够达到同样强大的安全性。

4.3　本章小结

本章依据第三章 PKMv2 认证模式 EAP 方法选取结果,针对 PKMv2 的单一 EAP 模式和 EAP-Authenticated EAP 模式,在已选取方法的基础上,分别进行了安全分析,提出了两种模式下改进的 EAP 方法：

（1）针对 EAP_based 认证模式,提出了一种改进的 EAP-TTLS-SPEKEY 认证方法。该改进的认证方法解决了由 TLS 握手阶段单向认证引起的中间人攻击问题,使用该改进方法,可以在进行 PKMv2 SA TEK 3-way 握手阶段之前发现存在的中间人攻击。同时根据安全性能分析,该种改进的 EAP-SPEKEY 方法在不增加传统 EAP-TTLS-MD5 协议交互回合数基础上,能够抵抗字典攻击,具有更强的安全性。

（2）针对 EAP-Authenticated EAP 认证模式。本章设计了一种 EAP-AKAY+EAP-SPEKEY 的两轮认证方法。EAP-AKAY 方法通过对 EAP-AKA 进行改进,实现在每次认证（重认证）时进行主密钥 Ki 更新。并且该改进方法采用加密的随机数传递,具有更强的安全性能。同时通过与已有改进[115]进行比对分析,发现其在保持原有快速重认证特性的基础上,减少了运算开销,增强了安全性能。并且根据 IEEE 802.16e 对 EAP_EAP 模式的规定,详述了两种方法结合的初始化入网的认证流程。分析了两种方法结合的认证模式的安全性,并通过典型的几种攻击证明,两种方法结合的 EAP_EAP 模式的认证方法选取是强大、安全、有效的。

(3) 最后,将本章提出的两种设计方案进行了比对分析发现,在达到同样的安全强度基础上,EAP-AKAY+EAP-SPEKEY 方法的认证交互消息数更少、计算开销更优。从认证方法的选取来看,在两者兼具的客户端和服务器端,双 EAP 模式的 EAP-AKAY+EAP-SPEKEY 方法是更优的选择。

第 5 章 PKMv2 单一 RSA 模式及 RSA、EAP 混合模式认证协议选取与设计

从第 2 章对 SBC-REQ/RSP 的 Authorization field 域分析可以看出，在 IEEE 802.16e 的 5 种认证模式中，三种模式是采用 RSA 的双向认证：

- 单一 RSA 模式；
- RSA+Authenticated EAP 模式；
- RSA+EAP_Based 模式。

在比较分析了 PKMv1 的 RSA 与 PKMv2 的 RSA 认证的安全性之后，本章将依据 3.4 对混合认证模式的 EAP 方法选取，采用 4 章改进的两种协议，构造混合模式下的认证方法，并详述相应的认证流程、密钥层次和安全性能。

5.1 IEEE 802.16e PKMv2 RSA 的消息类型

1. PKMv2 RSA Request Message

客户端 MS 向 BS 发送一条 PKMv2 RSA-Request 消息申请基于 RSA 的双向授权，或者申请 RSA_Authenticated EAP 模式的第一轮 RSA 双向设备认证。

表 5-1 PKMv2 RSA Request 消息

属性	内容
MS_Random	客户端 SS 产生的随机数
MS-Certificate	包含 MS 的 X.509 用户证书
SAID	MS 的 Primary SAID（和 MS Basic CID 相等）
SigSS	对该消息中其他所有属性的 MS 私钥的签名

2. PKMv2 RSA-Reply message

该条消息由 BS 发送给客户端 MS，其中 MS_Randome 应当来自于回应的 PKMv2 RSA Request 消息。

表 5-2　PKMv2 EAP Reply 消息

属性	内容
MS_Random	客户端 SS 产生的随机数
BS-Random	由 BS 产生的 64 位的随机数
Encrypted-PAK	RSA-OAEP-Enrypted（PubKey（MS），pre-PAK ∣ MS MAC Address）
Key Lifetime	PAK 生存周期
Key Sequence Number	PAK 序列数
BS-Certificate	BS 的 X.509 证书
SigBS	对消息的其他属性使用 BS 私钥签名

3. PKMv2 RSA-Reject message

如果 BS 拒绝了 SS 的授权申请，则 BS 回应 SS 一条 PKMv2 RSA-Reject 授权拒绝消息。

表 5-3　PKMv2 RSA-Reject 消息

属性	内容
MS_Random	客户端 SS 产生的随机数
BS-Random	由 BS 产生的 64 位的随机数
Error-Code	错误码描述授权申请的拒绝原因
BS-Certificate	BS 的 X.509 证书
Display-String（optional）	显示拒绝授权的理由（可选）
SigBS	对消息的其他属性使用 BS 私钥签名

4. PKMv2 RSA-Acknowledgement message

MS 向 BS 发送一条 PKMv2 RSA-Acknowledgement 消息来回应 PKMv2 RSA-Reply 或 PKMv2 RSA-Reject 消息。仅当 Auth Result Code 的值为 failure 时，该消息包含 Error-Code 和 Display-String。

表 5-4　PKMv2 RSA-Acknowledge 消息

属性	内容
BS-Random	由 BS 产生的 64 位的随机数
Auth Result Code	描述了授权阶段的结果
Error-Code	错误码描述授权申请的拒绝原因
Display-String（optional）	显示拒绝授权的理由（可选）
SigSS	对消息的其他属性使用 BS 私钥签名

5.2 初始化接入单一 RSA 双向认证比对分析

本节将通过发送的消息、认证流程、密钥层次进行 PKMv2 单一 RSA 模式说明。同时给出 PKMv2&PKMv1RSA 安全性比对分析。

5.2.1 认证流程

由原标准的定义可以看出，无论采用哪种模式，RSA 认证都会首先发生。PKMv2 中，当采用基于 RSA 的授权为授权机制时，通过 Auth-Info（既可用于 PKMv1，又可用于 PKMv2）、PKMv2 RSA-Request，PKMv2 RSA-Reply，PKMv2 RSA-Reject，PKMv2 RSA-Acknowledgement 五则消息，进行认证双方的 pre-PAK（Primary Authorization Key 主授权密钥）交换。

PKMv2 双向授权执行下述步骤：

首先 SS 向 BS 发送一条 Auth Info 消息（与 PKMv1 一致）消息，该消息包含有该设备制造厂商的 X.509 证书，BS 通过该消息来认证设备厂商的合法性。

接下来 SS 在发送 Message1 后立即向 BS 发送一条 PKMv2 RSA-Request（相当于 PKM V1 授权申请 Authorization Request 消息），申请 AK 和 SAID。通过 SS 提供的 X.509 证书，BS 可以获取 SS 的公钥和相应的加密算法信息。并通过 SS 的签名验证该条消息的确来自申请者 SS。该消息应当包含一个 SS 端的 SS-Random 保证其新鲜度。

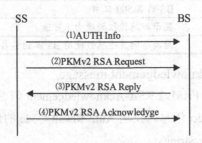

图 5-1 双向 RSA 认证流程

BS 在验证申请者 SS 的身份合法后，在回应的 PKMv2 RSA-Reply 消息中，以 SS 的公钥加密 Pre-pak，并发送给 SS。同时在该消息中，将包含一个 BS 端产生的 4 位随机数来保证该消息的新鲜度。其中 PAK_SN 是一个 4 位的 PAK 序列号（高两位为计数器，低两位为 0），用于标志和区分相继的 AK。此外，该消息还包含有一个 PAK 的生存周期。同时该消息还会附带一个由 SS 端产生 64 位的随机数以回应上一条 Authorization Request 消息。最后整条消息将由 BS 使用 RSA 私钥签名，用于验证该 RSA-Reply 消息的有效性。

认证的最后一步 MS 向 BS 发送一条 RSA-Acknowledge 消息，回应 PKMv2 RSA-Reply 消息或者 PKMv2 RSA-Reject 消息。该消息包含一个 BS 端产生的 64 位的随机数 BS_Random。其中 Auth Result Code 将描述授权过程结果（Success 或者 Failure）。并且整条消息将由 SS 使用 RSA 进行签名 SigSS。

当 RSA-Acknowledge 消息回应中的 Auth Result Code 为 Success 时，则说明 RSA 授权成功。认证双方通过对 PAK 的计算得出 AK。

5.2.2 密钥层次

在 PKMv1 中，并没有对 AK 的产生进行说明。在 PKMv2 中定义了一系列 AK 的产生办法，其中包括基于单一 RSA 的双向认证。PKMv2 中，当采用基于 RSA 的授权机制时，BS 将用 SS 公钥加密 pre-PAK 并发送给 SS。Pre-PAK 的主要用途是产生 PAK。相应的 EIK、PAK 和 AK 的生成如下两式：

EIK|PAK=Dot16KDF(pre-PAK, SS MAC Address|BSID|"EIK+PAK", 320)
AK=Dot16KDF(PAK, SS MAC Adress|BSID|"AK", 160)

如果采用 RSA 授权，则 PAK 用于产生 AK，PAK 长度为 160 位。而用来传输已认证的 EAP 负载的可选的 EIK（EAP Integrity Key）也是来源于 pre-PAK。图 5-2 描述了单一 RSA 授权认证过程中如何计算 AK。相应的，与 PKMV1 AK 相似，PKMV2 中 pre-PAK 的生成没有具体的定义，但是须确保该密钥的产生是不可预测的和不可获得的。

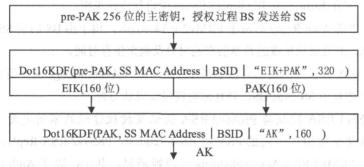

图 5-2 AK 仅来源于 PAK（基于 RSA 的授权密钥层次）

5.2.3 比对分析

和 PKMv1 版本的 RSA 单向认证比较，可以看出：

1. PKMv1 和 PKMv2 中 RSA 双向认证消息对应关系

如图 5-3 所示，其中：

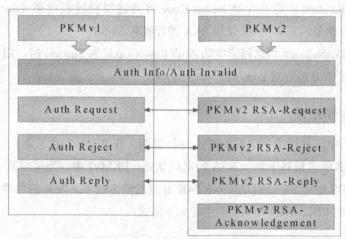

图 5-3　PKMv1/PKMv2 RSA 对应消息

Auth Info/Auth Invalid 消息在 PKMv1 及 PKMv2 均可使用，对 PKMv2 RSA 来说，IEEE 802.16e 标准对该信息并没有明确定义何时使用。

PKMv1 中的 Auth Request 对应于 PKMv2 RSA-Request，用于由 SS 向 BS 提供身份证明，并且提供包含有私公钥及相应的 X.509 证书。

PKMv1 中的 Auth Reject 对应于 PKMv2 RSA-Reject，如果 BS 验证 SS 证书过期 / 失效或者不可识别，或者用公钥解密的 SS 签名与消息信息不符时，则发送 Auth Reject 信息，并在 Error-code 和 Display-String 中进行错误说明。

PKMv1 中的 Auth Reply 对应于 PKMv2 RSA-Reply，用于由 BS 回应 SS 的 Auth Request 消息，并且返回生成的共享的密钥材料及剩余生存时间。

PKMv1 中没有相应的消息对应 PKMv2 中的 RSA-Acknowledgement 消息。该消息在 PKMv2 中将由 SS 回应 BS，并且标明该授权成功与否。

2. PKMv1 RSA 授权与 PKMv2 RSA 认证及授权过程的不同之处

在 PKMv2 中使用了不同的 PKMv2 RSA-Request，PKMv2 RSA-Reply，PKMv2 RSA-Reject，PKMv2 RSA-Acknowledgement 四则消息。其中，除了 Auth Info 消息外，PKMv2 RSA-Request，PKMv2 RSA-Reply，PKMv2 RSA-Reject，PKMv2 RSA-

Acknowledgement 消息均使用了来自于 SS 或者 BS 或者双方的随机数。

PKMv2 RSA-Request，PKMv2 RSA-Reply，PKMv2 RSA-Reject，PKMv2 RSA-Acknowledgement 消息均使用了发送方的签名，其中 PKMv2 RSA-Request 与相对的 PKMv1 Auth Request 消息不同，不再包含 SS 的 Security Capabilities，有关 SS 的 Security Capabilities 将放在后面的 PKMv2 SA-TEK 3 路交换中进行协商。

PKMv2 RSA-Reply 与相对的 PKMv1 Auth Reply 消息不同，提供了 BS 端的 X.509 证书，并对该消息使用了 BS 私钥签名。但是在该消息中，并没有提供一组可选的 SA-Descriptor（s），以及用于回应上条 Request 消息中的安全能力 Security Capability。SS 与 BS 的 Security Capabilities 协商将放在后面的 SA-TEK3 路交换中进行。这样做的好处是将安全能力的协商置于 CMAC/HMAC 的保护之下，以防止恶意攻击者如 2.2.3 中所述的对密码套件的篡改。

同时在 PKMv2 RSA-Reply 中使用 4 位的 PAK-SN 来代替 Auth Reply 中 64 位的 AK_SN，缩短了消息的长度。

5.2.4 安全性能分析

1. 有效地抵抗 PKMv1 存在的攻击
- 抵抗重放攻击方面：

和 PKMv1 相比较，PKMv2 的 RSA 双向认证，除了第一条可选的 AUTH Info 消息外，在接下来的每条消息（PKMv2 RSA_Request、PKMv2 RSA_Reply、PKMv2 RSA_Acknowledge）中均加入了随机数，以抵抗重放攻击。

- 抵抗消息的截获和篡改方面：

由于 BS 端也提供了自己的证书。则无论是在 PKMv2 的 RSA_Request、RSA_Reply 和 RSA_Acknowledge 或者是 RSA_Reject 中，双方都在自己发送的消息上，对所有的其他属性进行了 RSA 的私钥签名。接收端通过对方的公钥解密签名信息，并和消息进行比对，如果不符合则说明该消息非原始信息。因此此认证过程能够有效地抵抗对消息的截获、篡改。

- 伪冒 BS 攻击方面：

在 PKMv1 中，采用单向认证，即只有 BS 端对 SS 端的认证，而没有 SS 端对 BS 端的认证。在 2.2.3 节中我们构造了中间人攻击方法，并且由此证明只要是拥有证书的设备都可以伪冒 BS，并作为中间人获得和用户 SS 和 BS 的通信信息，如图 5-4 所示。而在 PKMv2 中，由于采用了双向认证，在认证的过程中，即使伪冒者作为中间人进行被动会话侦听，由于没有 BS 的证书及私钥，攻击者对 RSA Reply 消息的篡改会在接收端发现。同时由于不能掌握 AK，于是对 Key Reply 消息的篡改，会由于不能计算正确的 CMAC/HMAC 值而被发现。攻击过程如图 5-5 所示。

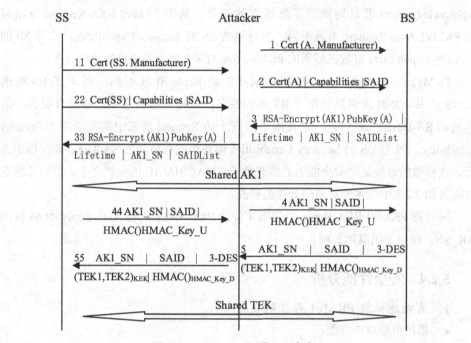

图 5-4　PKMv1 伪冒 BS 攻击

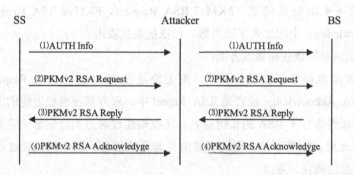

图 5-5　PKMv2 中间人侦听

因此，由于引进了 BS 和 SS 的双向认证，PKMv2 有效地抵抗了伪冒 BS 的攻击。

2. 存在的认证缺点

在 PKMv2 中引入 EAP 认证的目的之一就是进行用户认证，而单一的双向 RSA 认证仅仅是设备认证而没有用户认证。即只利用 X.509 证书进行了设备的双向认证，并没有进行用户认证。

和 EAP 认证协议可以支持多种认证方法不同，RSA 认证仅能支持基于 X.509 证书认证，其方法不能扩充。同时，由于采用证书的认证机制，则如 1.1.1 所述，证书管理和维护相当复杂。因为需要在服务器端和客户端安装 CA 证书，因此也增大了用户终端的存储开销。并且单一 RSA 认证方式和第三章提出的 EAP-TTLS-SPEKEY 以及 EAP-AKAY 不同，其不能支持快速重认证。则意味着每次进行认证时将走完整个认证流程。

同时由于 RSA 双向认证和 3G、GSM 网络的认证体系不同，所以也无法支持多网融合的认证方式。

3. PKMv2 RSA & PKMv1 RSA 认证开销比对

如果算上第一条 Auth Info 消息，PKMv1 RSA 认证需要 3 条消息，1 个消息交互轮回；而 PKMv2 需要 4 条消息，1.5 个消息交互轮回，如图 5-6 所示。

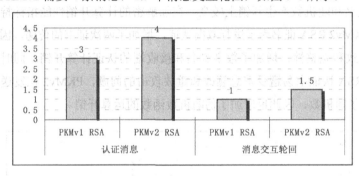

图 5-6　PKMv1&PKMv2 消息与交互轮回数比对

PKMv2 RSA 和 PKMv1 RSA 的认证阶段主要涉及的计算为进行密钥传递的 RSA 公钥加解密，以及对发送消息基于 RSA 的私钥签名。比对开销如表 5-5 和 5-6 所示。

表 5-5　客户端计算开销比对

	PKMv1 RSA	PKMv2 RSA
加解密计算	1 次	1 次
RSA 签名	0 次	3 次
随机数	0 次	1 次

表 5-6　服务器端计算开销比对

	PKMv1 RSA	PKMv2 RSA
加解密计算	1 次	1 次
RSA 签名	0 次	3 次
随机数	0 次	1 次

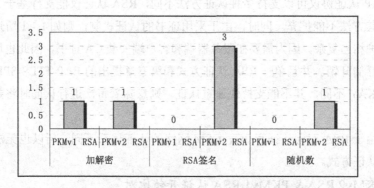

图 5-7　PKMv1&PKMv2 客户端计算开销比对

从图 5-6、图 5-7 可以看出，PKMv2 RSA 认证与 PKMv1 RSA 认证相比，在 RSA 私钥签名和随机数产生开销上较高，在加解密的计算开销性能指标持平。这主要是由于 PKMv2 RSA 证书为了进行双向认证，增加了两次证书的传递，因而为了保护消息的一致和完整性，增加了数字签名和接收端的认证计算开销。同时，为了解决 PKMv1 RSA 认证中易遭受消息篡改和重放攻击的问题，PKMv2 在发送的每条消息中均增设了随机数，因此也增加了伪随机数函数的运算开销。

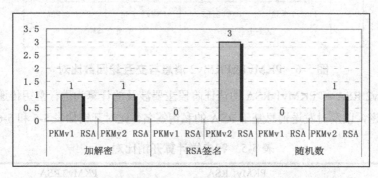

图 5-8　PKMv1&PKMv2 服务器端计算开销比对

4. 结　论

为了改进 PKMv1 RSA 的缺陷（如 2.2.3 构造的攻击方法），PKMv2 RSA 在 PKMv1 RSA 基础上，通过增加伪随机数运算、数字签名来保证认证过程中消息的一致性和完整性。虽然以增加运算开销为代价，PKMv2 RSA 认证有效地解决了 PKMv1 中易受重放攻击、消息篡改、中间人攻击的问题，提高了安全性。但是该种方法仅能实现设备的认证，而不能提供用户认证，这对于服务提供商和用户个人来说都存在着服务窃取的危险。同时该种方法不能支持快速重认证，也不能进行多网的融合。证书的维护和管理也存在着很高的复杂性。总的来说，虽然从消息数和交互回合上看，其认证过程比较简洁，但是仍然不是一种最优的选择。

5.3 RSA‑Authenticated EAP 模式：RSA+ 改进的 EAP-SPEKEY 方法

由于单一的 RSA 认证只是进行了设备认证，为了解决用户身份认证的需求，在 IEEE 802.16e 中，引进了 RSA+Authenticated EAP 认证模式。

在 3.4.2 节中，对于 RSA-Authenticated EAP 模式的选取根据各种常用 EAP 方法的安全性比较，建议采用 EAP-SPEKE 方法。

在 4.1.4 节中，本书给出了一种改进的双向用户认证的 EAP-SPEKE 方法。该方法减少了原有的消息数，同时在 TTLS 隧道方法中能够有效地察觉伪冒 Authenticator 攻击。在 4.2 节中，采用 EAP-AKAY+EAP-SPEKEY 方法的结合也能够有效地绑定两轮 EAP 认证，抵抗中间人的攻击。

因此在本节中，在 RSA+Authenticated EAP 认证模式下采用 EAP-SPEKEY 方法进行用户身份的认证。

5.3.1 认证流程

该认证流程可以分为两个阶段，第一个阶段即设备双向认证阶段。采用 PKMv2 中的 RSA 认证模式。第二个阶段采用改进的 EAP-SPEKE 方法进行用户的双向认证。认证的参与者有三个即：SS（Supplicant）申请方、BS（Authenticator）认证者、Server（Authentication Server）认证服务器。本节在描述中采用 A 代表 SS（Supplicant）申请方，C 代表 BS（Authenticator）认证者，B 代表 Server（Authentication Server）认证服务器、M 代表（Man in the Middle）中间人。

1. RSA 双向认证

和单一 RSA 双向认证基本步骤一致。在 A 和 C 之间实现两者基于 X.509 证书的双向认证。由于此时没有采用如 EAP 的封装技术，则不能在 A、B、C 之间采用统一的认证模式。则此时不考虑 B 认证服务器。如图 5-9 所示。

基本消息和 RSA 双向认证保持一致：

（1）A→C：*Auth Info*

（2）A→C：*PKMv2 RSA Request*

（3）C→A：*PKMv2 RSA Reply/Reject*
（4）A→C：*PKMv2 RSA Acknowledge*

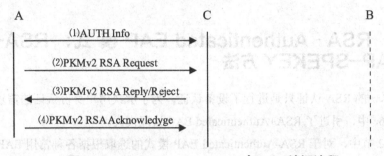

图 5-9　RSA+Authenticated eap 中 RSA 认证流程

（1）中，A 发送给 C 其制造商的证书。接下来（2）中，A 紧接着发送一条 PKMv2 RSA Request 消息，在该消息中包含有 A 产生的随机数 RA 和 A 的 X.509 证书，并附带有 A 对该条信息其他所有属性的 RSA 私钥签名。（3）中，当 C 收到 PKMv2 RSA Reques 消息后，并根据 A 的 X.509 证书验证了 A 的公钥签名。如果认证不成功则回应一条 PKMv2 RSA Reject 消息。否则，则用 A 的公钥加密一个 256 位的 pre_PAK，附带上 PAK 的生存周期、PAK_SN（PAK 的序列号），以及 C 的 X.509 证书，C 的签名 sigC，在 PKMv2 RSA Reply 消息中发送给 A。在第（4）步，当 A 收到 C 发来的 PKMv2 RSA Reply/Reject 后使用一条 PKMv2 RSA Acknowledge 消息进行回应。如果接收的是 PKMv2 RSA Reply 消息，则 A 将验证 C 的数字签名，如果不正确则将回应一条 Auth Result 为 false 的 PKMv2 RSA Acknowledge 消息。如果正确，则使用私钥解密获得 pre_PAK。并回应一条 Auth Result 为 true 的 PKMv2 RSA Reply。

如果双方认证成功，则 A 和 C 将都利用 pre-PAK 生成 PAK 和 EIK。此时，C 记录下 PAK，并使用 EIK 作为后面的 EAP 方法的 HMAC/CMAC 加密密钥保护接下来的 EAP 方法。

2. Authenticated EAP：EAP-SPEKEY

当双方在 RSA 授权成功，和 EAP-Authenticated EAP 方式不同，C 将不等待 A 发送 Authenticated EAP Start 消息（该消息只在 EAP_EAP 模式下使用）。而是直接发送附带有 EAP_Request/Identity 的 Authenticated EAP_Transfer 消息（如 3.2.3）。在 Authenticated EAP_Transfer 消息中将附带 PAK 的序列号和使用由 pre_PAK 生成的 EIK 产生的 C/HMAC 摘要保护 EAP-AKAY 的 EAP 包传递。具体步骤如图 5-10 所示。

（1）C→A：*PKMv2 Authenticated EAP Transfer/EAP-Request/Identity/EAP_Type=41*

（2）$A \rightarrow C$：*PKMv2 Authenticated EAP Transfer/EAP-Response/Identity/EAP_Type=41, QA*

（3）$C \rightarrow B$：Q_A

（4）$B \rightarrow C$：$Q_B, E_K(R_B | Q_A)$

（5）$C \rightarrow A$：$Q_B, E_K(R_B | Q_A)$

（6）$A \rightarrow C$：$E_K(R_A, R_B)$

（7）$C \rightarrow B$：$E_K(R_A, R_B)$

（8）$B \rightarrow C$：*EAP_Success/Failure*，$E_{K'}$（MSK）

（9）$C \rightarrow A$：*EAP_Success/Failure*

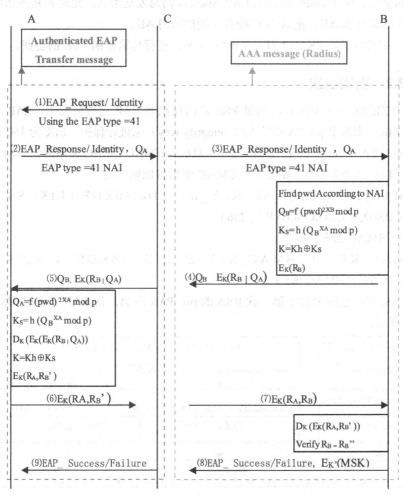

图 5-10　本书提出的改进 EAP-SPEKEY 方法认证流程

在申请者 A 和认证者 C 之间的 EAP 方法消息传递，封装在来自 EAP_AKAY 方法 EIK 消息摘要保护的 PKMv2 Authenticated EAP Transfer 消息中，如（1）（2）（5）（6）（9）。在认证者 C 和认证服务器 B 之间的 EAP 方法消息，使用采用的 AAA 协议（如 Radius）封装进行交互，如（3）（4）（7）（8）。

在消息（4）中，采用改进算法，将使用 $K=Kh \oplus Ks$ 来计算加密密钥 K。其中 KS 是 EAP 认证阶段的共享密钥，Kh 为 RSA 认证生成的共享密钥 pre_PAK。B 收到 EK（RA，RB）验证成功后，利用 Ks 生成 EAP 方法主会话密钥 MSK。并在（8）中用共享密钥 K' 发送给 C，同时发送 EAP_成功消息。C 将 MSK 截断，获得 PMK，并且与 RSA 认证的 PAK 进行计算，获得授权密钥 AK。接下来利用 PKMv2 Authenticated EAP Transfer 消息把 EAP_Success 消息发送给 A。此时 A 根据所掌握的 PMK 和 PAK 计算 AK。则 A 与 C 拥有了授权密钥 AK。

接下来可以开始 PKMv2 TEK 3 WAY 握手，进行传输密钥 TEK 的协商。

5.3.2 密钥层次

在 IEEE 802.16e 中规定，如果 RSA 双向授权在 EAP 交换前发生，EAP 消息应当使用 EIK（来源于 pre-PAK 的 EAP Integrity Key）来进行保护。EIK 为 160 位。当使用 PKMv2 Authenticated-EAP-Transfer 消息时，HMAC/CMAC 使用的消息验证密钥来源于 EIK，而不是 AK。如果使用 CMAK 密钥将依据下式：

CMAC_KEY_U | CMAC_KEY_D ⇐ Dot16KDF（EIK, SS MAC Address | BSID | "CMAC_KEYS", 256）

使用 HMAC 的密钥如下：

HMAC_KEY_U | HMAC_KEY_D ⇐ Dot16KDF（EIK, SS MAC Address | BSID | "HMAC_KEYS", 320）

而 AK 的产生则来自于第一次 RSA 的 pre_PAK 和第二次 EAP 方法的 MSK，如图 5-11 所示。

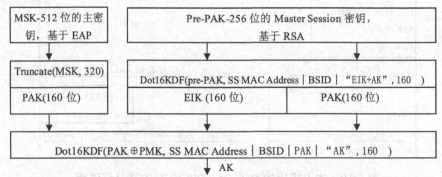

图 5-11　RSA+Authenticated EAP 模式下产生 AK 的密钥层次

5.3.3 安全性能分析

使用 RSA+Authenticated EAP-SPEKEY 方法，如 5.3.1 所述。

1. 抵抗攻击

- 抵抗重放攻击：

在 RSA 双向设备认证中，如 5.2.4 所述，由于在除了 Auth Info 消息以外的 RSA-Request、RSA_Reply、RSA_Acknowledge 消息中均增添了随机数，能有效地防止了重放攻击。

在 Authenticated EAP-SPEKE 改进的协议交换回合中，如图 5-10，在（2）（3）（4）（5）在 EAP-SPEKE 消息均含有随机数，可以很好地防止重放攻击。同时在（1）（6）（7）（8）（9）中使用 EIK 作为消息摘要密钥的消息摘要 MAC，附带有 PAK_SN。因为在重认证中，PAK_SN 会发生改变。攻击者重放这些消息时，接收端通过验证 PAK_SN，能有效地防止重放攻击。

- 抵抗消息截获和篡改：

在 RSA 双向设备认证中，如 5.2.4 所述，由于采用了基于 X.509 证书的双向认证。RSA_Request、RSA_Reply 消息中均附带上了 A 和 C 各自的签名。如果攻击者截获消息，并进行篡改。由于没有 A 和 C 的私钥，则篡改的消息在接收端验证失败，从而有效地抵抗了攻击者对消息的篡改攻击。在基于改进的 Authenticated EAP-SPEKEY 方法中，由于使用了带有 PAK_SN 属性和 HMAC/CMAC 消息验证码的 PKMv2 Authenticated EAP Transfer 消息来传送 EAP-SPEKE 的 EAP 包，则在保证 pre_PAK 的安全性前提下，能够有效地防止对第二阶段的消息截获和篡改。即使攻击者获得 pre_PAK 值，对 EAP-SPEKE 方法中 EAP 包进行了篡改。则接收方通过验证（具体分析请见 4.1.5），也能发现该攻击行为。从而在第二阶段从两个层面上有效地抵抗了对消息的截获和篡改。

- 抵抗伪冒 Authenticator（或者 BS）攻击：

PKMv2 RSA 认证阶段和 4.1.2 中的 EAP_TTLS 的 TLS 握手阶段不同。由于 PKMv2 RSA 认证是基于 X.509 证书的双向认证，则在第一阶段 RSA 双向认证时，攻击人仅能作为中间人监听 A 和 C 的信道，任何消息的截获和篡改都会被接收端发现。

在 Authenticated EAP-SPEKEY 阶段，同样在 PKMv2 Authenticated EAP Transfer 的保护下，中间人对任何消息的截获和篡改都会被发现而引起认证失败。类似于 4.1.5，即使中间人知道了第一阶段 RSA 的 pre_PAK，由于不知道第二阶段的 Ks，则仍不能计算出 K=pre_PAK $\oplus$ Ks。则在 Authenticated EAP-SPEKEY 阶段，如图 5-6 的（6）

（7）中，B端将不能验证A端，而宣告认证失败。同样的，即使知道EAP-SPEKEY方法中的Ks，如果攻击者不知道pre_PAK，则在（6）（7）中B端也不能验证A的身份，而宣布双向认证失败。

通过Authenticated EAP Transfer消息中HMAC/CMAC和PAK_SN，以及EAP-SPEKE中计算K =pre_PAK ⊕ Ks的方式将第一阶段RSA和第二阶段EAP-SPEKE方法绑定，从而有效地抵抗了中间人或者伪冒Authenticator的攻击。

由上述分析可以看出，设计的RSA+EAP-SPEKEY方法能够有效地抵抗消息的重放、消息的篡改和中间人攻击。

2. 存在的认证缺点

虽然通过上述安全性能分析，可以证明该种方式的完备性。但是由于采用RSA+Authenticated EAP，其模式的本身特点和RSA双向认证相似，仍具有下述缺点。

- 证书管理和维护复杂：

由于同时需要在服务器端和客户端安装CA证书，则进行CA证书的管理和维护复杂。

- 不支持快速重认证：

RSA的认证方式，不能进行快速的重认证。

- 不支持多网融合的认证方式：

由于使用的是RSA的认证方法，则与GSM和3G网络认证体制不同，不能支持多种网络融合。

3. 认证开销比对

RSA设备认证过程中，发送的消息条数为4条。EAP-SPEKE用户认证过程中，发送的消息条数为9条。其中在RSA认证过程中，第一条消息AUTH Info属于通知性消息，在PKMv2 RSA中可以不发送。协议的交互回合为4轮（交互回合，不考虑Authenticator作为中间人传递消息）。

由于单一RSA双向认证和RSA+Authenticated EAP模式相比，在RSA认证流程上一致。RSA+Authenticated EAP模式是通过增加Authenticated EAP模式来实现用户认证。则从认证开销来说，RSA+Authenticated EAP模式多出了一个Authenticated EAP-SPEKEY流程。

这里为了充分说明其认证开销，将与第4章提出的较优性能的EAP-AKAY+EAP-SPEKEY方法进行比对。其交换的消息数和交互轮回如图5-12所示。

第 5 章　PKMv2 单一 RSA 模式及 RSA、EAP 混合模式认证协议选取与设计

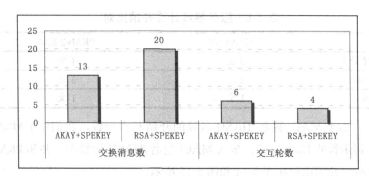

图 5-12　EAP-AKAY+EAP-SPEKEY、RSA+EAP-SPEKEY 消息和交互轮回数比对
（纵坐标为次数）

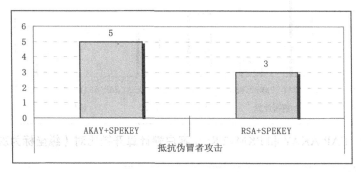

图 5-13　EAP-AKAY+EAP-SPEKEY、RSA+EAP-SPEKEY 发现伪冒者回数比对
（纵坐标为次数）

从交换的消息回数上看，RSA+EAP-SPEKEY 方法比 EAP-AKAY+EAP-SPEKEY 方法的性能指标优，并且能够在认证交互轮数 3 发现中间人的攻击。

由于两种模式的设计在 Authenticated EAP 阶段采用的都是改进的 SPEKEY 方法，则相应的计算开销上的差别主要由 RSA 和 EAP-AKAY 设备认证的开销决定，因此对两种模式的认证设计方法比对，本节将从 EAP-AKAY 和 PKMv2 RSA 的开销比对来进行分析，如表 5-7、表 5-8 所示。

表 5-7　客户端计算开销比对

	EAP-AKAY	PKMv2 RSA
加解密计算	5 次	1 次
MAC/签名/HASH	4 次	3 次
随机数	0 次	1 次

表 5-8　服务器端计算开销比对

	EAP-AKAY	PKMv2 RSA
加解密计算	5 次	1 次
MAC/RSA	4 次	3 次
随机数	1 次	1 次

在这里，由于 MAC/ 签名 /HASH 运算的开销基本一致，我们将 EAP-AKAY 用于生成主密钥函数的 Hash 运算，放入 MAC/ 签名 /HASH 运算中，并和 PKMv2 RSA 进行比较分析。开销比对如图 5-14 和图 5-15 所示。

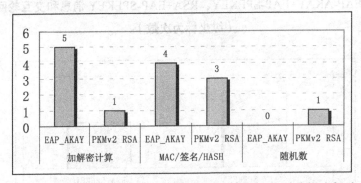

图 5-14　EAP-AKAY 和 PKMv2 RSA 客户端计算开销比对（纵坐标为次数）

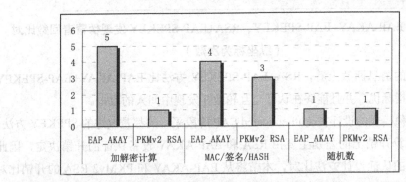

图 5-15　EAP-AKAY 和 PKMv2 RSA 服务器端计算开销比对（纵坐标为次数）

从图 5-14 和图 5-15 可以看出，无论是在认证服务器端还是在客户端，EAP-AKAY 的计算性能都比 EAP-AKAY 的计算开销小，突出表现在加解密计算。这是由于在 EAP-AKAY 中，采用密钥的隐性传递，其和 PKMv2 RSA 不同，认证会话生成的共享密钥没有出现无线链路上，因此增加了认证的安全性。同时，EAP-AKAY 共享密钥材料 RB，也以加密的形式来发送。此外，由于 EAP-AKAY 不是基于双方证书的互相认证，因此，采用加密函数生成 XRES/RES 进行相互认证。因此，从这个角度上来说，EAP_AKAY 通过增加运算复杂度，加强认证的安全性，同时避免了在用户终端和服务器端进行证书认证带来的（如双向 RSA 认证中的）证书部署和维护的开销。

4. 结　　论

IEEE 802.16 为了解决 RSA 双向认证仅能进行设备认证的局限性，引入了 RSA+Authenticated EAP 混合认证模式，通过增添基于用户身份认证的 EAP 方法来实现设备和身份的认证。本节利用在第四章设计的 EAP-SPEKEY 方法来构造该种模式下的认证流程。通过以上分析，可以看出，RSA+Authenticated SPEKEY 不仅能够支持双向设备认证，也可以支持双向用户认证。同时在安全性能上可以抵抗诸如重放攻击、消息的篡改攻击、中间人攻击。其运算性能比第 4 章提出的 EAP-Authenticated EAP 模式的 EAP-AKAY+Authenticated SPEKEY 方法更优。

但是，从该模式的设计角度来说，一方面 PKMv2 强制性定义了该种模式的设备认证采取 RSA。因此，由 RSA 认证本身的局限性造成该模式不能支持快速重认证、多网融合、认证方法扩充等缺陷。同时 RSA 证书认证带来的证书安装、部署、管理、维护的开销也会制约其在移动网络认证中的应用。本节虽然为该模式的用户认证 EAP 方法，选取了计算开销、安全性能最优的改进 SPEKEY 方法（第 4 章提出的改进方法，如 4.1 所述），但是也无法根本解决由 RSA 带来的局限性。因此，虽然从计算开销上来说，该 RSA+Authenticated EAP 方法比第 4 章提出的 EAP-AKAY+Authenticated SPEKEY 方法更优，但从无线网络发展趋势来说，该种模式不是认证机制设计中最优的选择。

5.4　RSA+EAP_Based 认证模式：RSA+改进的 EAP-AKAY 方法

在目前 PKMv2 介绍性的文献中[58]，基本都回避了此种认证模式。主要原因是由 PKMv2 对该种认证模式的定义决定的。

5.4.1　认证模式特点

根据 IEEE 802.16e 标准 7.8.2 节中的定义，可以推断该种 RSA+EAP_Based 模式的特点是两种方法的发生不是作为一个整体。

其应用模式在初始化入网时采用的是 PKMv2 RSA 双向认证，并且初始化入网后在未发生漫游前，重认证也将使用 PKMv2 RSA 双向认证。而当漫游节点漫游到某一个 Target BS 时，如果需要则发生 EAP_based 方法，此时才会进行 EAP_based 方法协商并进行认证。认证过程中将采用 AK 关联的 EIK 和 HMAC 保护传送 EAP 方法包的 PKMv2 EAP Transfer Message 消息。

5.4.2 EAP_Based 方法选取

有关该种模式的 EAP_based 方法的选取，在 3.4.2 节中进行了探讨。对于该种模式下 EAP 方法的选取，实际上是当目标 BS 可以支持无须证书部署，同时运算开销较少的 EAP 认证时，对 RSA 双向认证的一种替换，而且只是发生在 MS 在漫游时的重入网认证阶段。

1. EAP_Based 认证方法的选取的要求

首先该选取的认证方法应该是双向认证。其次由于涉及小区切换，为了减少认证时延带来的服务延迟，其要求选取的认证方法应该是快速有效的，即尽量减少发送消息数量和协议的交互回合。同时该选区方法应该有较低维护的成本，尽量不要采用基于证书的认证类型。安全性能方面，应该可以抵抗重放攻击、抵抗消息的截获和篡改、抵抗中间人攻击（Man in the Middle 攻击）。并且从认证的优化和融合角度来说，能够支持支持快速重认证和多网融合。

根据上述要求，对在第 4 章探讨过的方法进行比较，如表 5-9 所示。

表 5-9　各种认证方法比对

	改进的 EAP-SPEKEY	改进的 EAP-AKAY	改进的 EAP_TTLS-SPEKEY	传统 EAP-TLS	传统 EAP_TTLS-MD5
双向认证	是	是	是	是	是
认证类型	用户口令	SIM 卡	证书+口令	证书	证书+口令
协议交互回合	3	3	6	5	6
抵抗重放攻击	是	是	是	是	是
抵抗消息篡改	是	是	是	是	否
MTM 攻击	是	是	是	是	否
快速重认证	否	是	是	是	是
多网融合	否	是	否	否	否

这些方法都是双向认证，考虑低维护成本时可以选取：EAP-SPEKEY、EAP-AKAY、TTLS-SPEKEY、TTLS-MD5。这里的 TTLS-SPEKEY 和 TTLS-MD5 由于均只在服务器端安装证书，降低了证书的维护和管理成本，所以可以考虑在内。当考虑尽量减少消息数和交互回合时，显然交互回合最少的 EAP-SPEKEY 和 EAP-AKAY 应当优先考虑，其仅为 6 轮。

当考虑抵抗重放攻击时，表 5-7 所示几种方法均可。当考虑到必须抵抗中间人攻击时，以上几种方法只有 TTLS-MD5 不能抵抗。因此，从安全性角度，除了 TTLS-MD5 外，几种方法均可考虑。

在表 5-7 的方法中，考虑支持快速重认证时，可以选取：EAP-AKAY、EAP-TTLS-SPEKEY、EAP-TLS、EAP-TTLS-MD5。如果进行多网融合的选取，则仅有 EAP-AKAY 适合。

由上述的比对和分析，可以看出，EAP-AKAY 作为双向认证，客户端不需要证书支持，可以快速重认证，同时消息交互回合最少，符合 RSA+EAP_Based 模式下 EAP 方法的选取。因此在本节中，建议采用 RSA+EAP_Based 模式中 EAP_Based 方法为改进的 EAP_AKAY 方法。

5.4.3 重入网认证流程

由于在这种模式下，EAP-AKAY 方法的认证，仅发生于重入网时，其认证模式等同于单一 EAP 认证。认证流程结合 4.2.5 说明如下。

1. 采用改进的 EAP_AKAY 方法的重入网认证过程

① $A \rightarrow C$：PKMv2 EAP_Start
② $C \rightarrow A$：EAP Transfer/EAP-Request/Identity (EAP_Type=23)
③ $A \rightarrow C$：EAP Transfer/EAP-Response/Identity (EAP_Type=23)，NAI, $E_{Ki}(R_A)$
④ $C \rightarrow B$：NAI,
⑤ $B \rightarrow C$：$Eki(R_B)$, AUTN
⑥ $C \rightarrow A$：$Eki(R_B)$, AUTN
⑦ $A \rightarrow C$：RES，MAC
⑧ $C \rightarrow B$：RES, MAC
⑨ $B \rightarrow C$：EAP Success/Failure，$E_{K?}(MSK)$，$Ek?(AV\ List)$
⑩ $C \rightarrow A$：EAP Success/Failure

第①步，用户端 A 向 Target BS 发送 PKMv2 EAP_Start，消息。该消息携带 AK_SN 和基于 AK 的 HMAC/CMAC 消息摘要。要求开始 EAP 认证。

接下来在认证者 C 和申请客户端 A 之间交互的信息，如第②、③、⑥、⑦步，采用 PKMv2 EAP_Transfer Message 发送。该消息携带 AK_SN 和由 AK 产生的 HMAC/CMAC 消息验证码加密的消息摘要。在认证者 C 和服务器端 B 的信息交互中，如④、⑤、⑧、⑨步使用 AAA 协议封装的 EAP 方法信息，进行消息传递。

在第⑨步中，如果认证服务器端 B 对 A 认证成功，则利用 AAA 协议将 EAP-

Success 消息发送给 C。服务器端此时产生会话密钥 CK 和 IK，并利用这些密钥生成一个主会话密钥 MSK1，使用 B 和 C 共享的密钥 K' 发送给 C。同时还将一组预先生成的 AV List 使用 K'加密 Ek'（AV List）发送给 C。C 收到该消息后，通过解密 EK'（MSK）和 Ek'（AV List），获得会话得主会话密钥 MSK（512 位）和一组 AV List，根据 MSK 获得 PMK。

⑩步中 C 将 EAP_Success 用 PKMv2 EAP_Transfer 封装，并加上使用 AK 作为消息摘要计算的 MAC，发送给 A。

接下来 C 和 A 均拥有了主会话密钥 MSK，并使用该 MSK 产生 PMK 和 EIK，并由 PMK 产生授权密钥 AK，通过 AK 产生消息摘要加密密钥，使用 HMAC/CMAC 对接下来的 PKMv2 TEK 3_way 握手进行通讯密钥 TEK 的交换进行保护。

5.4.4 密钥层次与安全性分析

1. 密钥层次

在初始化接入网络中，该模式使用双向的 PKMv2 RSA 认证，并且在漫游前，AK 的产生均由 RSA 认证完成，此时初始化 AK 生成方式和单一 RSA 认证一致，如图 5-16 所示。

EIK|PAK=Dot16KDF(pre-PAK, SS MAC Address|BSID|"EIK+PAK", 320)

AK=Dot16KDF(PAK, SS MAC Adress|BSID|"AK", 160)

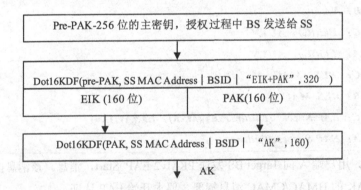

图 5-16 仅使用 RSA 认证的 PKMv2 AK 产生层次

节点漫游，与 Target BS 进行重入网认证协商时，如果需要使用 EAP_Based 方法，即 EAP-AKAY 方法，此时 AK 产生方式和单一 EAP 认证一致，可以参考 4.1.7 节，如图 5-17 所示，此时为：

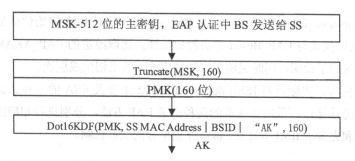

图 5-17 仅使用 EAP Based 方法认证的 PKMv2 AK 产生层次

2. 安全性分析

由于这一节主要为 RSA+EAP_Based 模式进行了 EAP 方法的选取。而该种模式下的 EAP 方法仅在重入网认证流程中出现。其发生的前提为，节点重入网时服务器端要求开始进行 EAP 的认证。其安全性能分析和 4.2.6 节中改进方法 EAP-AKAY 的一致。因此，可以认为此 EAP-AKAY 在实行用户的设备认证时，能够抵抗消息重放、消息篡改攻击。并且当不涉及第二轮 EAP 认证时，在改进的 EAP-AKAY 主密钥更新机制和隐性密钥交换方式的保证下，中间人攻击不会对 EAP-AKAY 造成威胁。

5.5 本章小结

本章针对 IEEE 802.16e PKMv2 认证模式中的：单一 RSA 认证、RSA+Authenticated EAP 认证、RSA+EAP_Based 认证，分别进行了认证方法选取和认证流程设计，具体包括：

（1）详细描述了 PKMv2 RSA 双向认证的消息传递流程，并通过与 PKMv1 RSA 单向认证对比，分析了双向 RSA 认证的安全性，总结了 PKMv2 RSA 双向认证的优缺点，同时说明了在该种模式下的密钥生成层次。

（2）针对 RSA+Authenticated EAP 认证模式，进行了 EAP 方法选取，设计了一种 RSA+Authenticated EAP-AKAY 认证方法。其中 EAP-AKAY 为 4.2.5 中改进的方法。在详细描述 RSA+Authenticated EAP-AKAY 方法初始化入网认证流程的基础上，根据几种典型攻击方式，如消息篡改插入，重放攻击，中间人攻击进行分析，论证了 RSA+EAP-AKAY 的安全性。接下来通过与 EAP_AKAY+EAP-SPEKEY 的比对分析讨论了其认证开销，阐述了该方法的优缺点，同时说明了该种模式下的密钥生成层次。

（3）对于 IEEE 802.16e PKMv2 版本的 RSA+EAP_Based 模式认证，本章首先论述了标准中涉及的有关规定，给出应用模式推断。由于该种认证模式和

RSA+Authenticated_EAP 不同，其 EAP_Based 认证不会应用在初始化认证中。因此根据 EAP 认证模式与 EAP_Based 方法的相似性，选取改进的 EAP_AKAY 方法，并对认证流程进行了说明。同时说明了在该种模式下的密钥生成层次。

  本章的内容，实际是对 IEEE 802.16e PKMv2 中涉及 RSA 的三种认证模式进行比对分析和方法选取，采用第 4 章的两种改进 EAP 方法，分别进行相应的认证流程设计。补充和完善了 IEEE 802.16e 标准在该部分的认证机制。

第 6 章 PKMv2 5 种认证模式下的重认证机制设计与优化

IEEE 802.16e 中提出了五种认证模式,不同的认证模式以不同方式产生 AK。依据 PKMv2 AK 的生存周期定义,IEEE 802.16e PKMv2 使用授权状态机(Authorization state machine)来管理和调度五种模式下的重认证。但是在 IEEE 802.16e PKMv2 中,由于 AK 产生方式的多样化和复杂性。重认证方面,PKMv2 仅对两轮 EAP 认证的重认证进行了简要的说明。由于其未对其他四种认证模式的重认证进行说明,IEEE 802.16e 在重认证方面的定义模糊不清。

文献 [116] 对 RSA+Authenticated EAP 模式的重认证进行了简要说明。但是由于没有考虑到 IEEE 802.16e 对 Authenticated EAP 认证模式的规定,使得其说明并没有定义一个完整的两种认证方式结合的重认证机制。

本节在对 5 种模式的重认证进行介绍和分析的基础上,依据 IEEE 802.16e 的认证模式中 AK 的生存周期,重点介绍 RSA+Authenticated 认证模式和 EAP+Authenticated EAP 认证模式的重认证。总结了 PKMv2 中 RSA+Authenticated EAP 认证模式存在的问题,并提出了一种基于计数器的重认证设计,详述了重认证流程。针对 EAP+Authenticated EAP 模式,对第 4 章提出的改进方法 EAP-AKAY 进行重认证优化,设计了一种基于 AV 向量 K 值自适应选择机制,通过 K 值选择实现总认证消耗最小。

6.1 关键因素

6.1.1 PKMv2 AK 生存周期

IEEE 802.16e 定义,当客户端 SS 在初始接入网络后,当 AK 生存时间到期时应进行重认证,因此 AK 的生存周期是决定重认证的关键因素之一。由于 PKMv2 中定义了 5 种认证模式,意味着有 5 种不同的 AK 生成方式,这就带来了 AK 生存周期设置的复杂性。根据 IEEE 802.16e 内 AK 的生存周期定义,可知:

AK lifetime =MIN(PAK lifetime, PMK lifetime)

即意味着选取当前状态下 PAK(如有)和 PMK(如有)生存周期最小的值为 AK 的生存周期,当该时间到期时,将进行重认证。

依据 5 种认证模式(如第 4 章和第 5 章所述)中产生 AK 的方式,将 AK 生存周期来源分为三类。

1. AK 的生存周期

(1)单一 RSA 模式:PKMv2 RSA Authentication:

AK⇐Dot16kdf(PAK, SS MAC Address|BSID|PAK|"AK",160)

AK 生成仅涉及 PAK,即 AK lifetime = PAK lifetime,则 PAK 到期时应该开始重认证。

(2)单一 EAP 模式:

在 EAP_Based Authentication 中:

AK⇐Dot16kdf(PAK, SS MAC Address|BSID|"AK",160)

AK 的生成仅涉及 PMK,AK lifetime = PMK lifetime,在 PMK 到期前应该开始重认证。

在 EAP+Authenticated EAP Authentication 模式下:

AK⇐Dot16kdf(PMK ⊕ PMK2, SS MAC Address|BSID|"AK",160)

此时 AK 由两个 PMK 生成。虽然在两轮 EAP 认证中产生了两个 PMK,但是 AK 的生存周期仍然只由 PMK 决定。即 AK lifetime = PMK lifetime,在 PMK 到期前,应该开始进行重认证。

(3)混合认证模式(RSA 和 EAP 结合)

根据定义,RSA+EAP_Based Authentication 认证模式中,MS 在网络初始化接入后到第一次漫游前:

AK⇐Dot16kdf(PAK, SS MAC Address|BSID|PAK|"AK",160)

此时仅进行 RSA 初始化认证，AK 仅来源于 PAK，AK lifetime = PAK lifetime，当 PAK 到期时开始 RSA 重认证。

当 MS 发生漫游时，重入网将进行 EAP_Based 认证：

AK⇐Dot16kdf(PMK,SS MAC Address|BSID|"AK",160)

此时 AK lifetime = PMK lifetime，在 PMK 到期时，应该开始进行重认证。

事实上，在该模式下，进行 RSA 和 EAP 的重认证可以分别作为单独的个体来考虑（参看5.4节）。

在 RSA+ Authenticated EAP Authentication 模式下：

AK⇐Dot16kdf(PAK ⊕ PMK,SS MAC Address|BSID|PAK|"AK",160)

此种模式，第一步进行 PKMv2 RSA 的设备双向认证，产生 PAK。接着进行用户身份的双向认证（如 5.2 中采用改进的 SPEKE 方法），使用 EAP 认证产生 PMK。此时 AK 的来源由 PAK 和 PMK 共同决定。则 AK lifetime =MIN（PAK lifetime, PMK lifetime），意味着，AK 的更新由先到期的密钥材料触发。在该时间到期时，将进行重认证。

2. AK、PMK、PAK 的生存周期定义

在 IEEE 802.16e 中未对 PAK 的生存周期区间进行定义。

PMK 的生存周期分为两个阶段，第一个阶段是认证阶段，产生 PMK 的第一个生存周期。第二阶段为 PKMv2 SA TEK 3-WAY 握手阶段，此时重新定义 PMK 的生存周期。PKMv2 相关定义如表 6-1 所示。

表 6-1　PMK 生存周期

名称	描述	最小值	默认值	最大值
PMK 预握手阶段	生成 PMK 后配置给 PMK 的 lifetime	5s	10s	15min
PMK lifetime	MSK lifetime 没定义，则 PMK 设置此值	60	3600	86400

6.1.2　PKMv2 HMAC/CMAC_PN_U/D

在 IEEE 802.16e PKMv2 AK 的 Security Content 里包含有 32 位的 HMAC/CMAC_PN_U 和 HMAC/CMAC_PN_D，该值也决定着何时进行重认证。

H/CMAC Packet Number Counter（H/CMAC_PN_*，如 HMAC_PN_U 为上行链路的 Packet Number Counter，HMAC_PN_D 为下行链路上的 Packet Number Counter）是一个 4-byte 序列计数器。在上行链路上，SS 每发送一个包就增加一次该计数器的值。相应的，在下行链路上，BS 每发送一个包就增加一次该计数器的值。

该 H/CMAC Packet Number Counter 即 H/CMAC_PN_* 作为计算 H/CMAC 消息验证码时输入值的一部分，用于抵抗重放攻击。其原则是对于每一个 H/CMAC 管理消息，消息验证码使用的 H/CMAC Packet Number Counter 必须是唯一的。而且消息验证码每次使用的 {CMAC_PN_*, AK} 元组都应该是不同的。如果 CMAC_PN_UL/DL 的值到达了数字空间的上限，即意味着在某个特定 AK 下，发送了 232（4294967295）个包后，BS 或者 SS 将发起重认证。

如果无线链路上平均传输速率为 6.36 Mbps，则发送 232 个 128 位的包需要 82435s。通常情况下，系统设置的 PMK 和 PAK 的生存周期默认值都低于该数值，因此 HMAC/CMAC_PN_U 和 HMAC/CMAC_PN_D 主要是一个参照指标，而不一定在重认证上发挥作用。

因此从上述分析可以看出，通常情况下取决于 AK 重认证的因素为 AK 的生存周期，而该生存周期又是由采用的某种认证模式的 AK 产生机制决定的。

6.2 一般性流程

在 PKMv1 中，重认证总是由 MS 的授权状态机（如果不考虑 H/CMAC_PN_D）在 AK Grace Time 到期时（在 IEEE 802.16e 中未定义授权状态机），触发重认证过程。

在 PKMv2 中，虽然 AK 的产生机制比 PKMv1 复杂得多，但 AK 重认证主要还是由 AK_Lifetime 决定的，因此，在 PKMv2 中，AK 重认证触发后基本过程可以参照 PKMv1，如图 6-1 所示。

一个 AK 转换阶段从 BS 接收到来自于 SS 的一个认证申请消息（PKMv2 中，授权申请将依据 PMK 还是 PAK 的到期而不同）。为了对该授权申请应答，BS 将激活一个新的 AK，并在一个认证应答消息中将新 AK 返回给 MS。对新 AK 的生存周期的设置，应该考虑维持第一个 AK 剩余生存时间，即新 AK 生存周期应该等于旧 AK 剩余生存时间加上预定义的 AK 生存时间，如图 6-1 左边 AK1 的阴影部分。一旦旧的密钥期满，一个 Auth Request 将触发一个新的 AK，并启动一个新的密钥转换阶段。BS 在一个 MS 转变状态期间，将持有该 MS 的两个动态的 AK。整个转换过程如图 6-1 所示。

第6章 PKMv2 5种认证模式下的重认证机制设计与优化

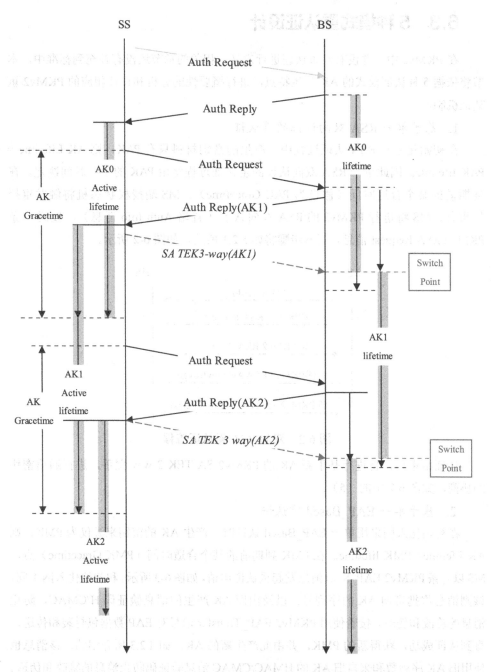

图6-1 PKMv2重认证的一般性流程

6.3 5 种模式重认证设计

在 PKMv2 中,并没有对重认证进行定义,相关的章节还没有补充到标准中。本节将依据 5 种认证模式的 AK 产生特点,进行概要性的分析和设计相应的 PKMv2 重认证机制。

1. 基于单一 RSA 双向认证的重认证

在初始化单一 RSA 认证过程中,产生的密钥材料只有 PAK,则 AK Lifetime = PAK lifetime。因此单一 RSA 双向认证的重认证过程将由 PAK 的生存时间决定。在到期前的某个合适时间(假设为 PAK Gracetime),MS 端授权状态机将触发重授权事件,MS 将进行 PKMv2 的 RSA 双向认证(省略 Auth Info 消息),发送一条 PKMv2 RSA Request 消息。基本步骤将如 5.2.1 所述,如图 6-2 所示。

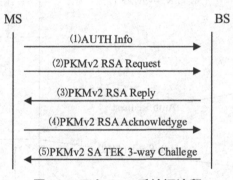

图 6-2 双向 RSA 重认证流程

认证结束后,将进行基于新 AK 的 PKMv2 SA TEK 3 way 握手,进行通信密钥的协商,如图 6-2 中的(5)。

2. 基于单一 EAP_Based 重认证

在初始化入网采用单一 EAP_Based 认证时,产生 AK 的密钥来源仅为 PMK,则 AK lifetime= PMK lifetime。在 PMK 到期前的某个合适时间(PMK Gracetime)点,MS 以一条 PKMv2 EAP_Start 消息发起重认证申请,如图 6-3 所示。和初始化入网不同,该则消息将携带旧 AK 的序列号,以及由旧 AK 产生的消息验证码 H/CMAC,防止消息的篡改和伪造。接着使用 PKMv2 EAP_Transfer 消息对 EAP 数据包封装和传送,直到认证成功,获得新的 PMK,并由此产生新的 AK。如 4.2.3 所介绍的,该消息也使用旧 AK 序列数和来自旧 AK 的 HMAC/CMAC 消息验证码防止消息的篡改和伪造。具体过程如图 6-3 所示。

重认证成功时,认证的双方产生新的 PMK,并由 PMK 产生新的共享 AK。接下来将进行基于新 AK 保护下的 SA TEK 3-way 通信密钥交换。

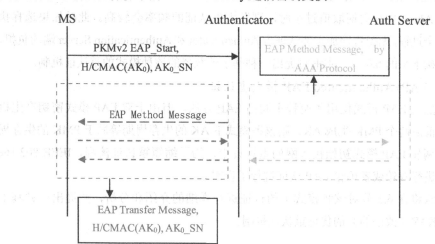

图 6-3 单一 EAP_Based 重认证流程

3. RSA+ EAP_Based 模式重认证

该种模式下，涉及了两种认证方法：基于 RSA 的认证和基于 EAP 的认证。由于在初始化接入时，仅使用 RSA 的认证。因此在刚接入网络到第一次漫游前，MS 进行重认证都由 AK 唯一密钥材料 PAK 生存周期决定。当 PAK 生存周期期满时，MS 发送一条 PKMv2 RSA Request 消息申请重认证。具体流程和 PKMv2 RSA 双向认证模式下的重认证一致，可参看图 6-2。

重入网时，如果需要使用到 EAP_Based 模式重认证，则该阶段下，决定作用的只是 PMK。即 AK lifetime=PMK Lifetime。则在 PMK 期满前，MS 将发起重认证，具体流程和单一 EAP 方法重认证一致，参看图 6-3。

4. RSA+Authenticated EAP 模式重认证

该种模式下的初始化认证，如 5.2 所述，涉及了两种认证方法：即基于 Authenticated EAP 和基于 RSA 的 认证方法。IEEE 802.16e 中并未对该种模式的重认证进行介绍。事实上和初始接入网络不同，由于 AK 的产生由 PAK 和 PMK 共同决定，同时 AK 的生存周期为：AK lifetime= MIN（PAK lifetime, PMK lifetime）。

因此在这种模式下，重认证时间由 PAK 和 PMK 的生存周期的较小值决定。但是 PKMv2 并未说明该认证模式下的重认证方式。这就在重认证流程上存在着二义性。即当 AK 到期时，究竟应当执行初始化认证的全过程，还是依据某一密钥元素生存周期，仅执行相对应的一次 RSA/EAP 认证。全过程认证代表重认证既进行 RSA 认证又要执行 EAP 认证。而该种模式的非全认证，则意味着如果 PAK 到期仅执行

RSA 认证，相应，如果 PMK 到期仅执行 Authenticated EAP 模式认证。

当 AK 的生存周期取值过小时，则发生重认证的频率会较高。此时如果选择执行认证全过程，无疑将增加主要认证方 Authenticator 和 Authentication Server 端的负担，因此在接下来的 6.4 节，本书将提出一种基于计数器的该种模式的重认证机制。

5. EAP+Authenticated EAP 模式重认证

虽然双 EAP 模式使用了两种不同的 EAP 方法。但由于双 EAP 模式密钥产生机制是由前后两个 PMK 生成 AK，则该种模式下 AK 的生存周期等同于 PMK 的生存周期。在两轮 EAP 模式初始接入网的重认证中，为了缩短重认证流程，IEEE 802.16e 对如何进行双轮或者单轮 EAP 认证进行了说明。

本章将在 6.5 节对该种模式下的认证进行详细的介绍和分析，并提出一种基于 EAP-AKAY（改进的）的优化重认证机制。

6.4 基于认证计数器的 RSA+Authenticated EAP 模式的重认证流程设计

6.4.1 重认证问题的提出

如 6.3 所述，在 IEEE 802.16e 中没有对 RSA+Authenticated EAP 模式的重认证进行说明。这使得该种模式下的重认证存在模糊性。

1. 主要存在的问题

（1）由于混合模式下，AK 的产生由 PAK 和 PMK 共同决定，因此 AK 的密钥元素更新由两种重认证共同完成。但在 IEEE 802.16e PKMv2 中并没有说明重认证时，是进行全过程认证，还是只是针对到期的密钥（PAK/PMK）进行某种方式（RSA/EAP）的认证。

（2）如果采用某种方式（RSA/EAP）的认证，产生的密钥元素（PAK/PMK）是否成为生成 AK 的单一元素。如果不是，如何结合更新的密钥元素和老的但未过期的密钥元素生成新的 AK。有关该问题，在 IEEE 802.16e PKMv2 也缺乏足够的说明。

（3）当某一个密钥材料的生存周期设置过长时，进行针对某一密钥元素的重认证，可能会导致在 BS 小区驻留时间内，某一个密钥材料始终不能得到更新。如果这种情况发生，如何进行规避？

（4）是否会出现这种情况，即在进行某种方式的重认证阶段，另一方式的密钥元素也会过期。如果存在，如何规避或者处理这种情况下的重认证。

目前有关 IEEE 802.16e 的文献资料中，只有文献 [116] 中对 RSA+Authenticated EAP 模式的重认证进行了简要的说明。但是由于没有考虑到 IEEE 802.16e 对 Authenticated EAP 认证模式的规定，使得其说明没有完整的定义一个两种认证方式结合的重认证机制。

本节试图结合 IEEE 802.16e 的特性，从减少认证开销、实现设备和用户认证的角度，为该模式设计一种清晰定义的重认证机制。

6.4.2 基于认证计数器的重认证机制设计方案

1. 重认证的快速有效需求

在进行重认证时，应当尽量减少重认证的协议交互回数，缩短认证耗时。当 AK 的生存周期较小时，选择全认证过程的重认证，认证延时和系统开销较大。相对的，根据 PMK 和 PAK 的生存周期比较，选择较小的值来确定何时进行相应方式的重认证是较为低耗时、少协议交互回数的选择。因此，在本节设计中，将采用针对某一密钥元素的单一重认证方式。

2. 设计的目的

根据重认证的快速有效性需求，针对问题（1），则应当确定选择进行单一方式的重认证。即密钥生存周期由生存周期较小的密钥元素确定，该密钥到期，仅进行该种方法的单一重认证。

同时，针对问题（2），每次重认证的 AK 产生仅由该次到期的密钥元素确定。其次设计方案应该不改变现有的 IEEE 802.16e 消息机制（如 Authenticated EAP），并确保能够通过两次或者多次重认证，完成设备和用户的双向认证。

3. 增加的 PAK 缓存、PMK 缓存认证计数器

问题（3）：在单一认证下，可能存在某种认证密钥的生存周期过长，而导致在某一 BS 驻留时间内，认证方法被屏蔽的问题。为了解决这个问题，本节建议在 IEEE 802.16e 中增设 PAK 缓存，用于存储 PAK 的 PAK_SN（4bit）、Lifetime_Counter（32bit）和 Value（160bit）、PAK_Counter（2bit）。其中 lifetime_Counter 随着时间的增加而递减。

同时在 PMK 缓存中，也增设 PMK_Counter（2bit）增设的 PMK/PAK_Counter，在进行完初始化认证后，初始值为 "00"。每进行一次某种方式的重认证（RSA/Authenticated EAP）后，除了将该方式的密钥元素（PAK/PMK）的值和 SN、Lifetime_Counter 更新外，该方式的 *_Counter 将保持不变，而将另一种未进行重认证方式的 *_Counter 增 1。当某种方式的 *_Counter 的值重新变为 "00" 时，即

将该方式的 Lifertime_Counter（转换为10进制）减少 T（PAK/PMK）/4（这里将进行 PAK 认证时设定的 PAK 生存周期记为 TPAK，相应的 PMK 的生存周期记为 TPMK）。即意味着通过 *_Counter 的调节，减少长期未进行重认证的某种认证方式的生存周期，以避免某种认证方式的生存周期的默认值或设置值过大，而被重认证屏蔽。保证 MS 能够在重认证时加快用户和设备认证交替的频率。

| PAK_SN (4 bit) | Lifetime_Counter (32bit) | value(160bit) | PAK_Counter(2bit) |

图 6-4 PAK 缓存

| PAK_SN (4 bit) | Lifetime_Counter (32bit) | value(160bit) | PMK_Counter(2bit) |

图 6-5 PMK 缓存

初始化认证后，假设 PAK_Lifetime=80s、PMK_lifetime=60s，则 TPAK =80s，TPMK =60s。第一次、第二次 PMK 重认证耗时 5s，第三、四次 PMK 重认证耗时 10s。依据基于认证计数器的认证流程如图 6-6 所示，其中无色框图代表某种被 AK 状态机激活的认证。

4. Authenticated EAP 模式下重认证机制设计

根据问题（4）基于 Counter 机制的重认证可以分为 2 种情况：

（1）PMK_lifetime<PAK_lifetime，并且 PAK 不会在进行 EAP 模式重认证中过期。

该种情况和初始化认证不同，重认证采取 EAP_Based 认证模式。即 MS 端在 PMK_lifetime 到期前的 AK Gracetime，发送 EAP_Start Message 给 Authenticator，之后 EAP 方法的消息均由 EAP Transfer Message 封装传递。这两则消息均包含有上一个 AK 的 AK_SN，并且包含有由该旧 AK 生成的 H/CMAC 验证码，如 4.5 所述。该种情况下的重认证，AK 的值将由 PMK 唯一确定，即：

AK⇐Dot16kdf(PMK, SS MAC Address|BSID|"AK",160)

（2）PMK_lifetime<PAK_lifetime，但 PAK 会在 EAP 模式重认证中过期。

在这种情况下，MS 先进行 EAP 模式的重认证，在认证过程中由于 PAK 过期，授权状态机将发出 RSA 重认证申请信号。MS 将该申请悬挂起来，直到 EAP 模式的重认证结束，再进行 RSA 重认证。在进行 EAP 模式的重认证时，仍采用含有 AK_SN 和由 AK 产生的 H/CMAC 消息验证码的 EAP_Start Message、EAP Transfer Message 来封装认证过程中的 EAP 负载。这种情况中，AK 的值由新产生的 PAK 和 PMK 共同决定。

AK⇐Dot16kdf(PAK ⊕ PMK, SS MAC Address|BSID|PAK|"AK",160)

5. RSA 模式重认证机制设计

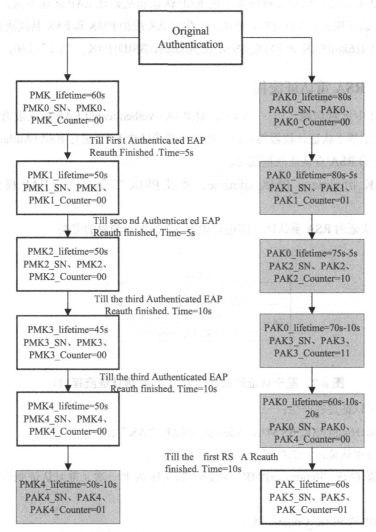

图 6-6 基于认证计数器的重认证流程

该种情况下，重认证可分为两种情况：

（1）PAK_lifetime < PMK_lifetime，并且 PMK 不会在进行 EAP 模式重认证中过期。

此种情况时，将进行 RSA 的设备双向认证，并且基本步骤和 RSA 单一认证一致，如 5.2.1 所述。

（2）PAK_lifetime < PMK_lifetime，但 PMK 在进行 EAP 模式重认证中过期。

此种情况下，MS 将先进行 RSA 模式的重认证，重认证过程中由于 PMK 过期，

MS 内部发出 EAP 重认证申请。MS 将该申请悬挂起来。直到 RSA 模式的重认证结束，才进行 EAP 重认证。但是该种情况下的 EAP 认证和初始化 EAP 认证不同，将采用 EAP_Based 认证模式。并且此时，重认证产生的 AK 应由 PMK 和 PAK 共同决定，即：

AK⇐Dot16kdf(PAK ⊕ PMK, SS MAC Address|BSID|PAK|"AK",160)

6.4.3 RSA 重认证流程

在 6.4.2 中针对问题（1）—（4），对 RSA+Authenticated EAP 模式混合模式下重认证进行了基于认证计数器的设计。在这一节将结合 5.2.2 进行 RSA+Authenticated EAP 模式下的 RSA 重认证流程描述。

1. PAK_lifetime < PMK_lifetime，并且 PMK 不会在进行 EAP 模式重认证中过期

此种重认证为 RSA 重认证，即进行如图 6-7 的四条消息的交换。

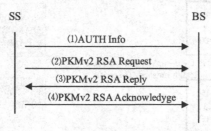

图 6-7 基于认证计数器的双向 RSA 重认证流程 (1)

- 由重认证过程产生：

AK⇐Dot16kdf(PAK, SS MAC Address|BSID|"AK",160)

- 根据重认证过程的配置更改 PAK_lifetime$_{i+1}$。
- 设置 PMK_lifetime$_{i+1}$=PMK_lifetime$_i$-Ts（Ts 为上一次（重）认证到该次重认证耗时）。
- PMK 的 PMK_Counter 增 1。
- 如果 PMK_Counter=00，则 PMK_lifetime$_{i+1}$= PMK_lifetime$_{i+1}$- T$_{PKM}$/4。
- 设置 AK_lifetime$_{i+1}$= MIN（PMK_lifetime$_{i+1}$，PAK_lifetime$_{i+1}$）。

2. PAK_lifetime < PMK_lifetime，PMK 会在进行 EAP 模式重认证中过期

此种情况，先进行 RSA 重认证如图 6-8 所示。在 RSA 重认证过程中，假设在 T$_1$ 时刻：

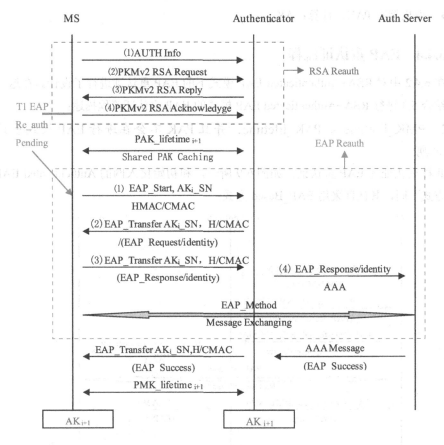

图 6-8 基于认证计数器的双向 RSA 重认证流程 (2)

- SS 的 PMK 的 lifetime_Counter 递减为 0。
- SS 内部触发 EAP 认证，SS 将该请求悬挂。
- RSA 认证结束，缓存 PAK。
- 根据重认证过程的配置更改 PAK_lifetime$_{i+1}$，设置 TPAK= PAK_lifetime$_{i+1}$。
- SS 发出 EAP_Start，在消息中附带旧 AKi 的 AKi_SN，以及由旧 AKi 产生的 HMAC/CMAC 消息摘要。
- 进行 EAP 方法的认证，交互回数由使用的 EAP 方法决定，并采用 EAP_Transfer 消息携带 eap_payload。该消息的属性有旧 AKi_SN 和由旧 AKi 产生的消息摘要 HMAC/CMAC。
- EAP 方法成功，MS 和 Authenticator 双方产生共享密钥 PMK。
- 根据重认证过程的配置更改 PMK_lifetime$_{i+1}$，设置 TPMK = PMK_lifetime$_{i+1}$

- 取出缓存 PAK，计算：AK_{i+1}。

6.4.4 EAP 重认证流程

在 6.4.2 中对 RSA+Authenticated EAP 模式下的 EAP 重认证进行了设计。在这一节将结合 5.3 进行 RSA+Authenticated EAP 模式的 EAP 重认证流程描述：

1. PMK_lifetime < PAK_lifetime，并且 PAK 不会在进行 EAP 模式重认证中过期

此种重认证为 EAP 重认证，如图 6-9 所示，和初始化入网的 Authenticated EAP 认证方式不同，其认证采用 EAP_Based 方式。

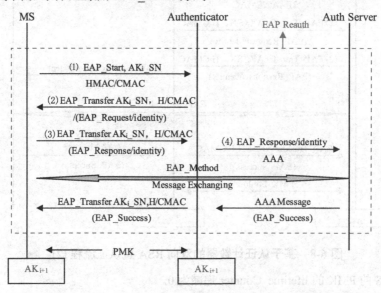

图 6-9　基于认证计数器的双向 EAP 重认证流程 (1)

- SS 发出 EAP_Start，在消息中附带旧 AK_i 的 AK_SN，以及由旧 AK_i 产生的 HMAC/CMAC 消息摘要。
- 进行 EAP 方法的认证，交互回数由使用的 EAP 方法决定，并采用 EAP_Transfer 消息携带 eap_payload。该消息的属性有旧 AKi_SN 和由旧 AKi 产生的消息摘要 HMAC/CMAC。
- EAP 方法成功，MS 和 Authenticator 双方产生共享密钥 PMK。
- 根据重认证过程的配置更改 $PMK\_lifetime_{i+1}$，设置 $T_{PMK} = PMK\_lifetime_{i+1}$。
- 由重认证过程产生：
- 设置 $PAK\_lifetime_{i+1} = PAK\_lifetime_i - T_s$（$T_s$ 为上一次（重）认证到该次重认

证耗时)。

- PAK 的 PAK_Counter 增 1。
- 如果 PAK_Counter=00,则 PAK_lifetime$_{i+1}$= PAK_lifetimei-TPAK/4。
- 设置 AK_lifetime$_{i+1}$= MIN(P MK_lifetime$_{i+1}$, PAK_lifetime$_{i+1}$)。

2. PMK_lifetime < PAK_lifetime,PAK 在进行 EAP 模式重认证中过期

此种情况(如图 6-10),先进行 EAP_Based 重认证。在 EAP 重认证过程中,假设在 T_1 时刻:

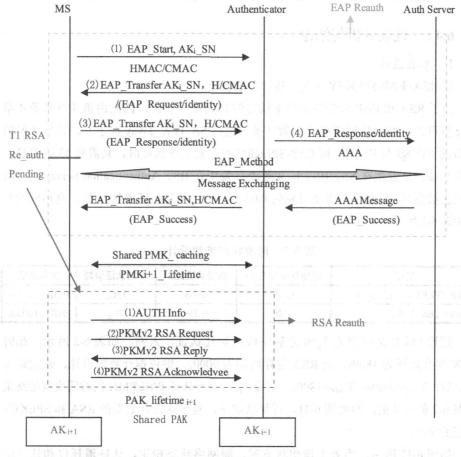

图 6-10　基于认证计数器的双向 EAP 重认证流程 (2)

- SS 的 PAK 的 lifetime_Counter 递减为 0。
- SS 内部触发 RSA 认证,SS 将该请求悬挂。
- EAP 认证结束,缓存 PMK。

- 根据重认证过程的配置更改 PMK_lifetime $_{i+1}$，设置 TPMK= PMK_lifetime $_{i+1}$。
- SS 发送（Auth Info 可选）RSA Request 消息开始 RSA 双向认证。
- SS 在收到了 RSA Reply 消息后，以 RSA Acknowledge 消息确认。
- RSA 认证成功，产生共享的 PAK。
- 根据重认证过程的配置更改 PAK_lifetime $_{i+1}$。
- 计算 AK：

AKi+1⇐Dot16kdf(PAK ⊕ PMK,SS MAC Address|BSID|PAK|"AK",160)

- 设置 AK_lifetime $_{i+1}$= MIN（P MK_lifetime $_{i+1}$，PAK_lifetime $_{i+1}$）。

6.4.5 性能分析与结论

1. 参数设计

以 RSA+EAP-SPEKEY 为例，进行参数设计。

由于 RSA 和 EAP-SPEKEY 在重认证时均为单一认证，因此由第 5 章和第 4 章的分析可知，RSA 认证需要消息数 7 条（包括 SA TEK_3Way 握手），并且 7 条信息均发生在 SS 与 BS 间。而 EAP-SPEKEY 方法发生重认证时，共需要 13 条消息，其中 9 条消息发生在 SS、BS 间，4 条消息发生在 BS、Authentication Server 间。假设理想状态下，一条消息平均时延为 0.05 秒，一条消息认证消耗为 C_R，则相应的参数如表 6-2 所示。

表 6-2 理想状态参数设计

名称	理想认证消息数	理想认证延时	平均认证消耗	生存周期
EAP-SPEKEY+TEK 3_Way	13 条	0.65s	13C_R	PMK：1800s
RSA+ TEK 3_Way	7 条	0.35s	7C_R	PAK：10000s

假设 MS 在某时间点 T_0=0 之后完成初始化认证，入网，如表 6-2 所示，此时 PMK 生存周期为 1800s，而 RSA 生存周期为 9000s，则依据计数器设计，初次认证结束后，T_{PAK}=9000s，T_{PMK}=1800s，假设 T_0 后进行认证 PAK/PMK 的时间设置始终采用表 6-2 的默认值，则如图 6-11，理想状态下，基于认证计数器的 RSA 和 SPEKEY 认证的交替：

如图 6-11 所示，当处于理想状态时，即网络状态稳定，认证消耗仅和认证消息数相关。基于计数器的重认证机制，进行 EAP-SPEKEY 方法的平均认证消耗为 12CR，而 RSA 平均认证消耗为 7C_R。依据表 6-2 的参数设定，在 22500.35s 内共进行了 12 次 EAP-SPEKEY 认证，进行了 3 次 RSA 认证。平均 4 次认证进行一次 RSA

设备双向认证。则在相应时间段内，认证总消耗为：12*13+3*7=177C_R。

如在此理想状态下采用计数器机制，仅仅采用全认证时，如图 6-12 所示，在 25000s 内共进行 13 次全认证，理想状态下认证消耗为 13*26=338C_R。

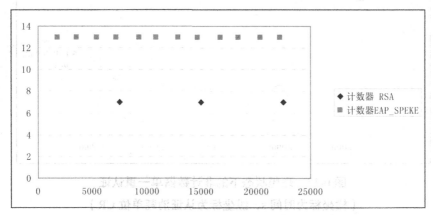

图 6-11　理想状态下基于计数器机制的认证交替

（横坐标为时间 s，纵坐标为认证消耗单位 CR）

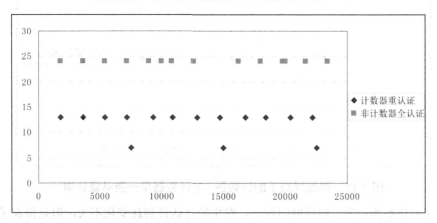

图 6-12　理想状态下的计数器机制与全认证机制

（横坐标为时间 s，纵坐标为认证消耗单位 CR）

因此，虽然理想状态下，采用计数器单一重认证方式增加了认证次数，但是在认证总开销上，明显低于采用全认证的重认证机制。

如图 6-13 和图 6-14，如果不采用认证计数器，仅使用单一重认证机制，则在 22500s 时间（和图 6-10 对应）内，完成了 2 次 RSA 重认证，12 次 EAP 认证，因此，理想状态下总认证开销为 12*13+2*7=170 C_R。RSA 平均每 6 次 EAP 认证发生一次，和图 6-10 相比，在同样时间内，少发生一次 RSA 认证，其 RSA 设备认证的频率较低。

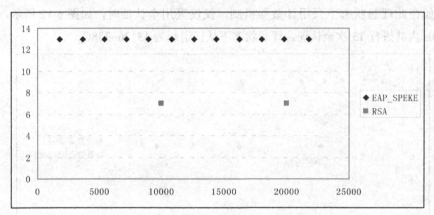

图 6-13　理想状态下的非计数器单一重认证
（横坐标为时间 s，纵坐标为认证消耗单位 CR）

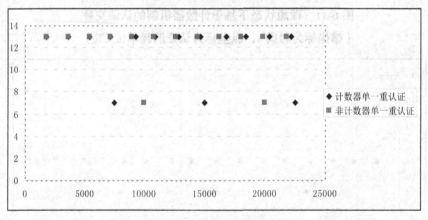

图 6-14　理想状态下的计数器/非计数器单一重认证比对

使用计数器前后，同样时间段内，发生的总认证消耗变化不大，但是提高了两种认证交换的频率。

因此通过理想状态下的比对，可以看出，基于认证计数器单一方法重认证机制，比全认证机制在同样时间认证消耗更小。与不采用计数器机制的单一重认证方案相比，加快了设备认证和用户认证的交换频率。

2. 结　论

本节对 PKMv2 RSA+Authenticated EAP 认证模式下的重认证进行分析，提出了几个 PKMv2 中未说明的问题。并且通过 IEEE 802.16e 的特性需求，提出该种模式下重认证流程的设计原则和目的。接下来通过在 PAK、PMK 缓存中增设认证计数器，实现每次非动态认证方法的密钥生存周期自动更新，达到增加设备和用户认证交换频率的目的，缓解由某种密钥生存周期设置过长而带来的认证屏蔽。并且该种单一方式的重认证和使用全认证重认证相比，认证开销更小。因此本节提出的基于认证计数器的复合认证模式重认证流程设计，补充和完善了 PKMv2 在该方面的标准化内容。

6.5 基于 EAP-AKAY 方法的双 EAP 模式快速重认证优化设计

6.5.1 重认证规定

在 IEEE 802.16e 中，进行成功的初始化认证后，SS 和 BS 将执行 PMK/PMK2 生存周期的重认证。重认证时，SS 和 BS 可以如初始化认证一样执行两轮重认证，也可以只执行一轮 EAP。根据 IEEE 802.16e PKMv2 的定义可知，存在这样两种重认证模式。

1. 重认证时执行 EAP_EAP 全认证

当 SS 和 BS 执行双 EAP 重认证时，将执行以下步骤：

首先为了初始化重认证，SS 可以发送（使用来自于 AK 的）H/CMAC_KEY_U 标记 PKMv2 EAP Start 消息。

接下来 SS 和 BS 将使用 PKMv2 EAP Transfer 消息来进行第一轮 EAP 会话。在第一轮 EAP 认证结束时，BS 将使用上一次认证得到的旧 AK 标记 PKMv2 EAP Complete 消息（负载为 EAP-Success 或者 EAP-Failure 消息）。

当成功地进行了第一轮 EAP，为了初始化第二轮 EAP 认证，则 SS 应当发送 PKMv2 EAP Start 消息（使用 H/CMAC_KEY_U 标记，其来自于上一次认证中得到的 AK）。接下来 SS 和 BS 将通过使用旧 AK 标记了的 PKMv2 EAP Transfer 消息执行第二轮 EAP 会话。直到第二轮 EAP 会话成功，SS 和 BS 将进行 SA-TEK 3 路握手。

2. 重认证时仅执行一轮 EAP 重认证

当 SS 和 BS 执行双 EAP 重认证时，如果 BS 和 SS 仅执行一次 EAP，则应执行如下步骤：

首先 SS 将向 BS 发送使用来自于 AK 的 H/CMAC_KEY_U 标志 PKMv2 EAP Start 消息。接下来 SS 和 BS 应当使用 PKMv2 EAP Transfer 消息来传递第一轮 EAP 会话。会话结束时，BS 应当使用 AK 标记的 PKMv2 EAP Transfer 消息而不是

PKMv2 EAP Complete 消息，来传送 EAP-Success 或者 EAP-Failure 消息。则此时意味着 BS 不准备进行第二轮 EAP。

6.5.2 EAP-AKAY 快速 EAP 重认证

如 4.2.2 中所述，选取 EAP-AKA 作为两轮 EAP 认证模式的设备认证 EAP 方法，除了其有很好的安全性能、支持多网融合外，还有一个重要的因素：即其可以支持快速重认证。

在 4.2.5 中本书提出了一种可以在每次进行认证（重认证或全认证）时进行主密钥更新的改进 EAP-AKAY 方法。在改进协议中，每次全认证（指客户端 MS 认证需 Authentication Server 的参与）成功，产生一组由一组 RB 派生的 AV list：AV1，AV2，……，AVn。其中 Ki 为最初的共享密钥。

即第一次初始入网认证成功后，改进的 EAP-AKAY 方法产生一组 AV 向量，如下：

R_B1：AV1（E_{Ki}（R_B1），XRES1, CK1, IK1, AUTN1）

- K_{i+1}=HMAC_SHA1（$K_i \mid R_B1 \mid SQN_i \mid 128$）
- $SQN_{i+1} = SQN_i + 1$
- MAC 1= f1k_{i+1}（$SQN_{i+1} \| R_B1 \| AMF$）
- XRES1 = f2 k_{i+1}（R_B1）
- CK1= f3 k_{i+1}（R_B1）
- IK1= f4 k_{i+1}（R_B1）
- AK1= f5 k_{i+1}（R_B1）
- AUTN1=（$SQN_{i+1} \oplus AK$）$\| AMF \| MAC$
- E_{K_i}（R_B1）

R_B2：AV2（E_{Ki+1}（R_B2），XRES2, CK2, IK2, AUTN2）

- K_{i+2}=HMAC_SHA1（$K_i \mid R_B2 \mid SQN_{i+1} \mid 128$）
- $SQN_{i+2} = SQN_{i+1} + 1$
- MAC 2= f1k_{i+2}（$SQN_{i+2} \| R_B2 \| AMF$）
- XRES2 = f2 k_{i+2}（R_B2）
- CK2= f3 k_{i+2}（R_B2）
- IK2= f4 k_{i+2}（R_B2）
- AK2= f5 k_{i+2}（R_B2）
- AUTN2=（$SQN_{i+2} \oplus AK2$）$\| AMF \| MAC2$
- $E_{K_{i+1}}$（R_B2）

R_Bn：AV_n（$E_{K_{i+n-1}}$（R_Bn），$XRES_n, CK_n, IK_n, AUTN_n$）
- K_{i+n}=HMAC_SHA1（K_i | R_Bn | SQN_{i+n-1} | 128）
- $SQN_{i+n} = SQN_{i+n-1} + 1$
- MAC n= $f1k_{i+n}$（SQN_{i+n} ‖ R_Bn ‖ AMF）
- $XRES_n = f2\ k_{i+n}$（R_Bn）
- $CK_n = f3\ k_{i+n}$（R_Bn）
- $IK_n = f4\ k_{i+n}$（R_Bn）
- $AK_n = f5\ k_{i+n}$（R_Bn）
- $AUTN_n$=（$SQN_{i+n} \oplus AK_n$）‖ AMF ‖ MAC_n
- $E_{K_{i+n-1}}$（R_Bn）

使用 Authenticator 和 Authentication Server 的共享密钥 K' 加密 AVlist 得到 Ek'（AV List），并将该组加密的 AV List 发送给 Authenticator。

接下来的重认证阶段，MS 向 Authenticator 发送 EAP_Start 要求进行 AK 的更新。

此时，Authenticator 不必将 MS 的请求转发给 Authentication Server，仅依据现存的 AV（认证向量 Authentication Vecto，一个五元组，n 为整数，并且 $n \geq 1$），进行对 MS 的快速重认证即可。重认证使用的第 n 个 AV 向量为：

- $XRES_n = f2\ k_{i+n}$（R_Bn）
- $CK_n = f3\ k_{i+n}$（R_Bn）
- $IK_n = f4\ k_{i+n}$（R_Bn）
- $AUTN_n$=（$SQN_n \oplus AK_n$）‖ AMF ‖ MAC_n
- EK_{i+n-1}（R_Bn）

每次重认证仅发生在 BS 和 SS 之间，并会进行 Ki 主密钥的更新，直到 AV 向量使用完，则进行一次 MS 与 Authentication Server 的全认证，并再次获得 Authentication Server 产生的一组 AV List。当重新获得 AV 向量后，便可以进行 MS 和 Authenticator 之间的快速重认证，如图 6-15（EAP-AKAY 改进方法的快速重认证机制）。

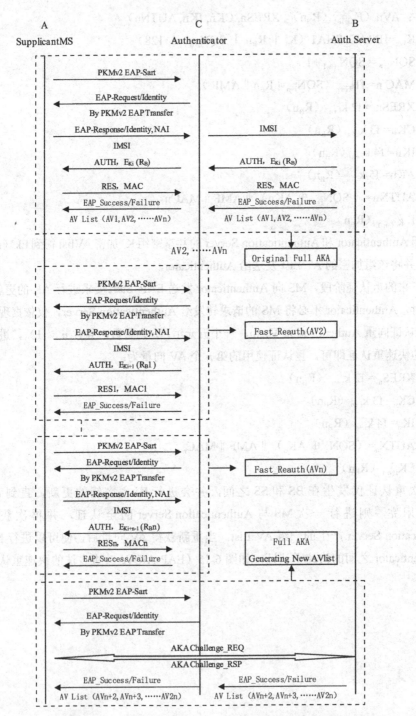

图 6-15 采用改进 EAP-AKAY 方法的快速重认证流程

6.5.3 重认证优化：EAP-AKAY 的 K 值自适应选择机制

在基于 EAP-AKAY 方法的两轮或者一轮 EAP 重认证中，如果采用快速重认证方法（如 6.5.1 所述），Authenticator 认证者 BS 通过一次全认证，从 Authentication Server 获取一组认证向量（AV List），在无须知道每次更新的共享密钥材料情况下，对 MS 进行认证。对于 MS 来说，每进行一次全认证，认证者 BS 获取 AV 向量组的计算消耗和认证耗时较高。因此从客户端 MS 的角度来说，应该尽量增加快速重认证次数，即尽可能多地增加 AV 向量的数目，而减少全认证次数，以减少因为更新 AK 而带来的服务延误。

同时，从认证服务器的角度来说，当接入的 BS 数量太大，或者每次传输的 AV 向量数目过多，都会占用认证服务器与认证者之间较多带宽并导致网络发生拥塞。由此，进行全认证时，选择合适的 AV 数目 K，成为优化某个 MS 在认证者 BS 区域内进行认证的关键。

文献 [117] 提出了一种在 3G 网络里基于 EAP-AKA 协议信令优化的自适应 K 选择机制。该文献主要是从认证服务器端认证消耗与 K 值关系，考虑如何选择 K。从 IEEE 802.16e PKMv2 认证机制角度来说，考虑认证优化，应该考虑不同 K 值对认证者系统三方（客户端 MS、认证者 BS、认证服务器 Authentication Server）的影响。相关的文献 [118] 事实上只是对文献 [117] 提到的时间分布函数的一种进行了详细的分析，在 K 值选择的机制上并没有很大的变动和改进。文献 [119] 参考了文献 [117]，但是在重认证的次数上不符合 AKA 协议在 3G 认证中的规定，因此其提出的分析模型是不准确的。

本节将基于 IEEE 802.16e 标准中改进的 EAP-AKAY 机制，根据认证系统（客户端 MS、认证者 BS、认证服务器 Auth Server）三方的总认证消耗和认证向量 AV 取值关系，来选取合适的 K 值，提出一种自适应的 K 值选择机制。

1. 全认证、重认证、AV 向量 K 的数量关系

本节把三方参与的认证称之为全认证 FA（Full Authentication），而仅需在客户端 MS 和 BS 认证者之间发生的快速重认证称为 FRA（Fast re-authentication）。假设 MS 驻留认证者 BS 服务区域内，直到离开的这样一段时间 T 内发生了全认证 M 次，并且每次认证服务器端产生的认证向量 AV 取值为 K。一组 AV 向量由 $AV_{x,y}$ 表示，其中 x 代表第几组，y 表示该组中的第几个，并且 y 的取值范围为 $0 \leq y \leq K$。在最后一次发生 FA 到 MS 离开发生 FRA 的次数为 K_s（K_s 可能小于等于 K）。如图 6-16 所示，则：

- FA 认证的次数为：M
- FRA 认证次数为：P=(K-1)(M-1)+Ks (0 ≦ Ks ≦ K)
- 认证总次数：N=M+(K-1)(M-1)+Ks=KM-K+1+Ks

同时 N、K、Ks、M 之间的关系满足：

- N mod K = Ks，mod 为除取余函数
- (N-Ki) floor K= M floor 为除取整函数

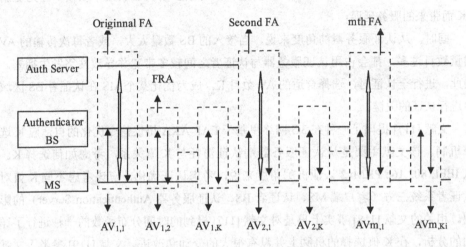

图 6-16　时间 T 内的 FA 和 FSA 认证

2. 驻留时间内认证总次数的概率和数学期望

在通信领域，Poisson 分布可以作为例如注册、初始化呼叫或者呼叫终止等服务到达事件的概率函数。本书选择 Poisson 分布作为在驻留时间 T 内的总认证呼叫次数 N 的分布函数。和文献[117]一致，以 λ 代表认证呼叫的平均事件到达率。同时根据《概率论及数理统计》[120] 2.1 节的定理 2.1.2，则时间 T 内总认证次数的概率为：

$$\Theta(n) = e^{-\lambda T} \frac{(\lambda T)^n}{n!} \quad (n = 1,2,\ldots\ldots) \quad (1)$$

T 为终端 MS 驻留在 Authenticator 认证者服务区域的总时间。有关 T 时间分布的概率密度函数，假设为 f(t)，并且其均值是 $1/\mu$，则该密度函数的 Laplace[121] 变换（这里引用文献[119]的假设）为：

$$F^* = \int_{t=0}^{\infty} f(t) e^{-st} dt$$

因此，时间 T 内总认证次数 n 的概率函数为：

$$P(n) = \int_{t=0}^{\infty} \Theta(n) f(t) dt$$

$$= \int_{t=0}^{\infty} \frac{(\lambda t)^n}{n!} e^{-\lambda t} f(t) dt$$

$$= \frac{\lambda^n}{n!} \int_{t=0}^{\infty} t^n e^{-\lambda t} f(t) dt \quad (2)$$

根据文献"lapace 变换"[122]中复微分定理：如果 f(t)是可以进行拉普拉斯变换的，则除了在 F（s）的极点，一般来说有：

$$L\left[\int f(t) dt\right] = -\frac{d}{ds} F(s)$$

即可以将（2）变换成：

$$L[t^n f(t)] = (-1)^n \frac{d^n}{ds^n} F(s), n = 1,2,3\ldots\ldots$$

$$= \frac{\lambda^n}{n!} (-1)^n \left[\frac{d^n f^*(s)}{ds^n}\right]_{s=\lambda} \quad (3)$$

则时间 T 内，总认证次数 n 的数学期望为：

$$E(N) = \sum_{n=1}^{\infty} n P(n)$$

需要说明的是，IEEE 802.16e 中，AKID（AK 的 ID 号）占 64bit，也就意味着，认证次数最多为 2^{64} =18446744073709551615（如果以 1 次 /s 进行认证，用完该数字空间需要 584942417355 年），则在计算认证总次数的期望值时，可以使用：

$$E(N) = \sum_{n=1}^{2^{32}} n P(n) \quad (4)$$

3. 时间分布函数的选择

模拟蜂窝驻留时间的一种方式是可以假定蜂窝有特殊的形状，如假设成六边形或者圆形蜂窝。当它与特定速度分布和移动用户的移动方向相结合时就可能确定蜂窝驻留时间的概率分布。但在实际系统中蜂窝的形状是不规则的，且移动用户的速度和方向可能很难表征。因此直接将蜂窝驻留时间模拟为有更通用概率分布的随机变量更恰当，其可以获得蜂窝形状和用户移动性模式的整体效果。

目前在通信中的服务驻留时间分布函数常常选择负指数分布。已有研究表明[123][124]，这种模型对于具有自相似特性的数据业务而言并不适合。文献 [118] 和 [125] 中都采用了超爱尔兰分布（Hyper Erlang Distribution）作为服务时间分布。文献[117]对指数分布和 Gamma 分布、Hyper-Erlang（超爱尔兰）分布进行比较，认为 Gamma 分布在 K 值选择中更适合。同时 Zonoozi 和 Dassanayake 使用一般的 Gamma 分布来模拟它[126]，取得了较好的效果。Gamma 分布是一种非常通用的概率分布，其可以通过对参数的选择，趋近于指数分布或者幂分布。

因此在此处选择 Gamma 分布作为 MS 在某个认证者 BS 蜂窝中的驻留时间的概率分布函数。当 $\mu^2 = \upsilon$ 时，则 Gamma 分布为指数分布。

假设 f(t) 是服从 Gamma 分布的时间密度函数，其中均值为 $1/\mu$，并且变量为 υ，则：

$$F^*(s) = (1 + \mu \upsilon s)^{-(1/\mu^2 \upsilon)}$$

对该函数求 n 阶导数，得到：

$$\frac{d^n F^*(s)}{d s^n} = (-\mu\upsilon)^n \left[\prod_{j=0}^{n-1} (\frac{1}{\mu^2 \upsilon} + j) \right] (1 + \mu\upsilon s)^{-(1/\mu^2 \upsilon + n)} \qquad (5)$$

由（3）和（5）可以推导出：

$$P(n) = \frac{(\lambda\mu\upsilon)^n}{n!} \left[\prod_{j=0}^{n-1} (\frac{1}{\mu^2 \upsilon} + j) \right] (1 + \mu\upsilon\lambda)^{-(1/\mu^2 \upsilon + n)} \qquad (6)$$

由（4）和（6）可以推导出：

$$E(n) = \sum_{n=1}^{N} \frac{(\lambda\mu\upsilon)^n}{(n-1)!} \left[\prod_{j=0}^{n-1} (\frac{1}{\mu^2 \upsilon} + j) \right] (1 + \mu\upsilon\lambda)^{-(1/\mu^2 \upsilon + n)} \qquad (7)$$

4. 在驻留时间 T 内 N 次认证的消耗

（1）T 内进行 FA 认证的消耗：

C（FA）= a * M + K * M

- M 是 FA 的认证总次数，并且 (N-Ks) floor K = M floor 为除取整函数。
- a 代表进行 FA 交换的平均消息数。由于在 FA 时，可能存在消息的重发，则 a ≥ 10。10 是进行一次 FA 最少需要交换的消息条数，设每条消息消耗为 1。如 4.2.5 和图 6-15 所示。
- K * M 代表 M 次全认证中共产生多少 AV 向量。

（2）T 内进行 FRA 认证的消耗：

C（FRA）= b * P

- P 为 FRA 认证次数：P =（K-1）(M-1) + Ks （0 ≤ Ks ≤ K）。
- b 代表进行一次 FRA 需要交换的消息平均条数，设每条消息消耗为 1。b ≥ 6, 6 为进行一次 FRA 最少需要交换的消息条数，参看图 6-10。
- N mod K = Ks, mod 为除取余函数。

（3）T 内进行认证的总消耗为：

C（N）= C（FA）+ C（FRA）

根据上述 C（FA）、C（FRA）以及 P=（K-1）（M-1）+Ki，以及：

- N mod K = Ks mod 为除取余函数
- (N-Ks) floor K+1= M floor 为除取整函数
- N= E（n）   其中 E（n）如式（7）

则时间 T 内发生 N 次认证的总体消耗为：

$$C(N) = \{a+(b+1)K-b\}\times M - b(K-1) + bKs \quad (8)$$

即：

$$C(N) = (a+(b+1)K-b)\times\{[E(n)-E(n) \bmod K] floor K\} + a + K + b\{E(n) \bmod K\} \quad (9)$$

（$a \geq 10, b \geq 6$）

5. 不同 K 值的性能分析

由此在式 9 中，将 K 值和进行 N 次认证消耗联系起来。根据不同 K 值选择，同时结合 Poisson 分布和 Gamma 分布中的参数选择（对 $\lambda\mu\upsilon$ 和 K 值的选择）、认证消耗 FA 和 FRA 的消耗参数选择（a 和 b 的不同选择），对 C（N）和 K 值关系进行分析。

（1）E（n）变化规律：

图 6-17 描述了当 $\upsilon=10/\mu^2$，当 $\lambda=10\mu$、$\lambda=30\mu$、$\lambda=40\mu$、$\lambda=50\mu$ 时 E（n）随 n 取值的变化规律。我们可以看出，当 $\upsilon=10/\mu^2$ 时，当 λ 增加即服务到达率增加时，E（n）的值随 λ 的值递增。其代表着，当服务到达率，即某段时间内要求认证的呼叫率增加时，其呼叫次数的数学期望也随之递增。同时随着 n 值的增大，E（n）的变化曲线逐渐趋近于某一个值，满足 Poisson 分布。

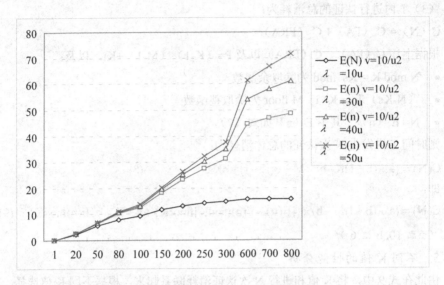

图 6-17　总认证次数 E（n）变化曲线组 1（纵坐标为 E（n），横坐标为 n）

图 6-18 描述了当 $v=0.1/\mu^2$，当 $\lambda=10\mu$、$\lambda=30\mu$、$\lambda=40\mu$、$\lambda=50\mu$、$\lambda=70\mu$、$\lambda=80\mu$、$\lambda=100\mu$ 时 E（n）随 n 取值的变化规律。可以看到，总体上 E（n）随 λ 的增加递增。并且在 $\lambda=10\mu$、$\lambda=30\mu$、$\lambda=40\mu$、$\lambda=50\mu$、$\lambda=70\mu$、$\lambda=80\mu$、$\lambda=100\mu$ 时，随着 n 的增加，E（n）的值都最终趋近于某一值，并且其趋近值和 λ 成一定比例，变化规律体现了 poisson 分布的特性。

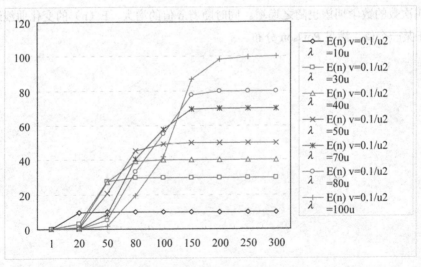

图 6-18　总认证次数 E（n）变化曲线组 2（纵坐标为 E（n），横坐标为 n）

图 6-19 描述了当 $v=20/\mu^2$, $\lambda=10\mu$、$\lambda=30\mu$、$\lambda=40\mu$、$\lambda=50$ 时 E(n) 随 n 取值的变化规律。可以看到，总体上 E(n) 随 λ 的增加是递增的。并且随着 n 的增加，E(n) 的值最终趋近于某一值，体现了 poisson 分布的特性。

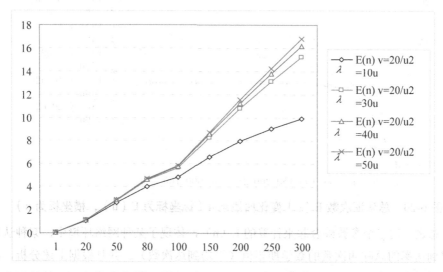

图 6-19　总认证次数 E(n) 变化曲线组 3（纵坐标为 E(n)，横坐标为 n）

图 6-20 描述了当 $\lambda=10\mu$ 时，E(n) 在不同的 v 值下随 n 变化的情况。可以看出，当 λ 的值一定时，即认证呼叫的到达率一定时，$v \leq 1/\mu^2$ 时，E(n) 的值随着 n 值递增，并趋近于 $v=1/\mu^2$ 时的 E(n) 值；当 $v \geq 1/\mu^2$ 时，E(n) 的值随着 n 值递减，并且数学期望值也逐渐趋近于 $v=1/\mu^2$ 时的 E(n) 值。事实上，对于 v、μ 参数的选择，可以看作特定网络环境下的相应参数选择。而 λ 参数值的选择，则是对于某段时间里，在 BS 端认证呼叫到达率的体现。其中 λ 值同 AK 的生存周期有关，当 AK 的生存周期设置较短时，λ 值便偏大，而 AK 的生存周期较长时，λ 值较小。

从 6-20 图可以看出，当 v/μ^2 取值趋近于 1 时，E(n) 较快的达到了期望值，同时该值和 λ 值很接近，说明总体认证呼叫到达数在这种情况下，主要与 λ 相关，也就是说网络情况很理想，即较少的延迟、较少的网络拥塞、较少的网络攻击等等。而当 v/μ^2 取值与 1 的比例较大或较小时，E(n) 较慢地达到了期望值，说明该值和 λ 值相关性不大。这主要是由网络状况造成的，其影响了认证呼叫次数和真正认证服务的关系通常此时网络可能存在有较大的延迟、网络拥塞、网络攻击，等等。

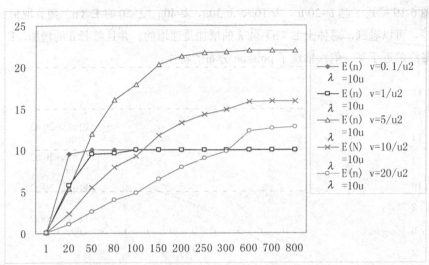

图 6-20　总认证次数 E（n）变化曲线组 4（纵坐标为 E（n），横坐标为 n）

总之，这三个参数综合起来计算的 E（n），体现了某种网络环境中，某种认证呼叫到达率的总呼叫次数的数学期望值（平均到达次数）。并且根据上述分析，我们可以看出，当 v、μ、λ 变化时，在 v、μ 一定的情况，即网络环境一定的情况下，随着 λ 值增加，E（n）的值是递增的。同时在 λ 值一定的情况，E（n）的取值，随着 v 的取值增加，在 $\leq 1/\mu^2$ 和 $\geq 1/\mu^2$ 时，趋近于指数分布，即 $v=1/\mu^2$ 的 E（n）值。因此，可以认为在给定的网络环境下，并且在一定的呼叫到达率下，网络进行认证的总次数是可以估计的。

（2）C（n）随 K 的变化规律：

由于总次数在一定的网络环境下是可以估计的。则假设总次数一定（为某种网络环境下的 E（n）值）。这里将统计在一定的网络环境下（如认证消耗由 a、b 共同确定）的认证总体消耗随 K 值变化的规律。

设计的参数为 $\lambda=80\mu$，$v=0.1/\mu^2$，此时计算 E（n）的值为 80，并分别依据下述 a、b 的取值，分析 C（n）随 K 的变化规律。这里取 K=1,2,……E（n），即意味着在如上参数选择时，K 应当为 1—80 的正整数。

根据 a、b 的取值，分为如下三种情况：

● a>b

在前面，我们定义了 a、b 分别为 FA 全认证和 FRA 快速重认证的认证消耗。理想状态下（没有消息重传），我们认为 a=10，b=6；也就是说一般情况下，当 SS-BS 和 BS-Authentication Server 间网络状态一致时，认为 a>b。图 6-21 描述了两种 a>b

的曲线状态。

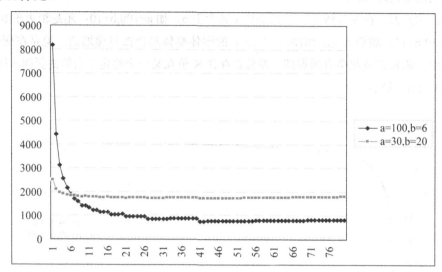

图 6-21　总认证消耗 C（n）随 AV 向量个数 K 变化曲线图
（纵坐标为 c（n），横坐标为 k）

图 6-21 在 a=100，b=6 时，代表 BS-Authentication Server 间的网络环境比 SS-BS 间的网络环境差，其造成的认证消耗相比理想状态更多。例如此时有大量 BS 向 Authentication Server 提出 FA 申请，而导致认证等待和消息重传情况严重。在这种情况下，C（n）的值随着 K 的增大减小，并且逐渐平缓，但是在达到最小值之前，随着 K 值的递增有所震荡。当 K=41 时，C（N）达到最小值 756，当 k>41 时，C（N）开始递增。也就是说，对于这种情况，认证次数一定，存在 K 值 41 使得网络总认证消耗最小。

当 a=30，b=20 时，此时，表示 a 和 b 的关系基本满足 FA 认证和 FRA 认证的消耗比例。意味着，BS-Authentication Server 间的网络环境和 SS-BS 间的网络环境基本一致。此时当 k=43 时，认证总消耗 C（N）达到最小值 817。在达到最小值之前，C（N）的总体变化是减小的，但是有所震荡。当 K=43 之后，C（N）的变化是递增的。

因此，可以发现当 a>b 时，总存在某个 K 值（1≤K≤E（N）），使 C（N）达到最小，并且当 k>K 之后，C（N）递增。

- a＜b

当 a<b 时，意味着 SS-BS 间的网络环境比 BS-Authentication Server 间的网络环境认证消耗大，显然这和正常状态的网络环境不同（a>b）。此种情况可能是由于多个 SS 在同一时刻要求 BS 进行 FRA，或者 SS-BS 网络间遭受网络攻击，导致认证时延和消息重发造成的。

如图 6-22，在 a<b 情况下，无论是 a 远大于 b，如 a=100,b=10；还是稍大于 b，如 a=10,b=12，随着 K 值的增加，C（N）的增体整体趋势都是递增的。但是在变化过程中，随 K 的变化会有所震荡。即总是存在 K 值在某一个给定 k 取值的区间范围，使得 C（N）最小。

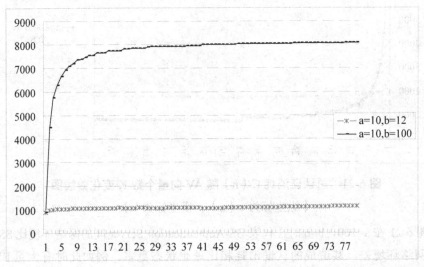

图 6-22　总认证消耗 C（n）随 AV 向量个数 K 变化曲线图
（纵坐标为 c（n），横坐标为 k）

- a=b

当 a=b 时，此时认为 FA 和 FRA 的认证消耗相同。那么在这种网络环境下，如图 6-23 所示（a=b=15），C（N）的取值变化随着 k 的增加震荡，并且在 k=42 时为最小值 1297。从图 6-17 可以看出，C（N）的值在某一区间中总可以选取某个 k=K 值使得 C（N）最小。

从以上 a，b 取值分析，可以看出，对于任何一种 a,b 的取值，当 k 值在某一区间变化时，总可以通过选择合适的 k 值使得 C（N）最小。

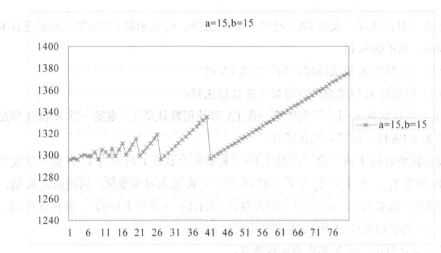

图 6-23　总认证消耗 C（n）随 AV 向量个数 K 变化曲线图
（纵坐标为 c（n），横坐标为 k）

6. 自适应性的 K 值选择机制

在前面我们分析了有关 C（n）消耗和 K 值的关系，并得出结论：当 a,b 确定时，在一定的 k 制取值空间里，总能找到某个 K 值使得 k=K，C（N）取值最小。则自适应的 K 值选择机制的思路为：通过动态调整 K 值，即当 k 在给定取值区间变化时，选取一个合适的 K 值，当 k=K 时，使 C（N）取值最小。这里我们依据这种特性提出一种自适应的 K 值选择机制：

- 初始 K 值：通常情况下，当网络采用 AKA 机制时，初始化认证采用固定的 K 值，AKA 协议默认 K=5。
- K 的取值空间为 $[K_{i-1}, K_{i+1}]$，（i=1,2,3……），K_1 为初始 K 值。

根据 C（n）消耗的参数关系，当认证消耗参数 a、b 发生变化时，使 C（n）最小的 K 值也应当随之发生动态变化。那么有关 a,b 的选取：

- 网络环境消耗参数 a,b：通过计算上一次 K 值选择后发生 FA 和 FRA 所需的平均消息条数，分别记为 a,b 的值，并由此预测接下来的网络环境参数。

由 C（N）随 K 的变化规律可知，通过动态调整 a、b、K 值，使得 K 值的选择总可以朝着 C（N）取值最小的 K' 趋近。因此根据上面的公式（9），在认证者端，本节设计一种自适应的 K 值选择机制。并且保证在每次进行 FA 全认证时，根据上一次 FA 认证的 AV 向量使用时间段内网络的平均消耗参数 a、b，进行 K 值的自适应取值。选择后，直到再次全认证 FA 时再进行下一次的 K 值选择。

本节中设定每次发生 K 值变换时满足条件：$M=\sum K_i + 1$　（i=1,2,3……），这里

M 表示在第几次认证（发生 FA）时进行 K 值选择。K_i 表示第 i 次发生全认证进行 K 值选择时，采用的 K 值。

即第一次发生 K 值选择时，为第 5 次 FA 时。

(1) 自适应 K 值选择机制的第一次 K 值选择：

AKA 协议默认 K=5，则发生第一次 FA 时使用默认值 5。则第一次 K 值选择发生在第 2 次 FA 时，即第六次认证时。

设在驻留时间 T 内，第一次发生 FA（初始化全认证）时间为 $T_{1,1}$，第二次发生 FA 的时间为 $T_{2,1}$。在 $T_1 = T_{2,1} - T_{1,1}$ 这段时间内，K 值未发生变化，采用固定 K 值，则发生 FA 的次数为 1，发生 FRA 的次数为（K1-1）（此时 K1=5）。并在此期间，记录下 FA 的平均消耗 a1 和 FRA 的平均消耗 b1。

接下来计算第二次 K 值选择的候选量：

- $K_{2,1} = K_1 + 1$
- $K_{2,2} = K_1$
- $K_{2,3} = K_1 - 1$

计算

- $T_1 = T_{2,1} - T_{1,1}$，
- $N = 1 + (K_{1,-})$（计算 T1 阶段总共发生几次认证）

当改变 K 值时，根据 $K_{2,1}$ $K_{2,2}$ $K_{2,3}$ 分别计算在 N 一定的情况下相应的 C(N) 消耗值：

- N mod K = Ks，mod 为除取余函数
- (N-Ks) floor K+1= M   floor 为除取整函数
- $C(N) = \{a+(b+1)K - b\} \times M - b(K - 1) + bKs$ (8)

计算 C（N）得到 $C_{2,1}$、$C_{2,2}$、$C_{2,3}$：

- 比较 $C_{2,1}$、$C_{2,2}$、$C_{2,3}$ 的大小
- 选取 K2=Min{K2,1（$C_{2,1}$）K2,2（$C_{2,1}$）K2,3（$C_{2,3}$）}，这里表示将选取，使 $C_{2,1}$ $C_{2,2}$ $C_{2,3}$ 取值最小的 K 值为对应的 K_2。

(2) 自适应 K 值选择机制的第 i（i>1, i=1,2,3……）次 K 值选择：

假设在发生了某次 K 值选择的 FA 的时刻为 $T_{i-1,1}$，下次发生 FA 时进行 K 值选择的时刻为 $T_{i,1}$，则这段时间为 $T_i = T_{i,1} - T_{i-1,1}$。假设上一次 $T_{i-1,1}$ 时刻，产生的 AV 向量数为 K_{i-1}。则 T_i 时刻内发生 FA 的次数为 1，发生 FRA 的次数为（$K_{i-1,1}$）。Ti 期间，记录下 FA 的平均消耗 ai 和 FRA 的平均消耗 bi。则 $T_{i,1}$ 时刻，计算第 i 次 K 值选择的候选量：

- $K_{i,1} = K_{i-1} + 1$

- $K_{i,2} = K_{i-1}$
- $K_{i,3} = K_{i-1}-1$

计算

- $N = 1+(K_{i-1}-1)$（计算 Ti 阶段总共发生几次认证）

当改变 K 值时，对 $K_{i,1}$、$K_{i,2}$、$K_{i,3}$ 分别根据下式计算相应的 C（N）消耗值：

- N mod K = Ks, mod 为除取余函数
- (N-Ks) floor K + 1 = M, floor 为除取整函数
- $C(N)=\{a+(b+1)K-b\}\times M-b(K-1)+bKs$ (8)

计算 C（N）得到 $C_{i,1}$、$C_{i,2}$、$C_{i,3}$：

- 比较 $C_{i,1}$、$C_{i,2}$、$C_{i,3}$ 的大小
- 选取 $Ki=Min\{K_{i,1}(C_{i,1}) K_{i,2}(C_{i,2}) K_{i,3}(C_{i,3})\}$，这里表示选择使得 $C_{i,1}$、$C_{i,2}$、$C_{i,3}$ 取值最小的 K 值为对应的 K_i

7. 改进的 K 值自适应选择机制与固定 K 值机制的性能比对

（1）在每次发生全认证，并进行 K 值选择时，假设网络状态比较平稳，如保持 a=12, b=9 恒定，如图 6-24 所示。

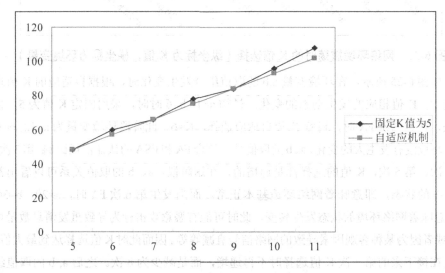

图 6-24　自适应机制和固定 K 值机制性能比较图（纵坐标为 C（n），横坐标为 K）

此时，在选取参数为 a=12, b=9 的状态下，自适应机制从 K=5 开始，分别如图做了 5 次 K 值自适应选择，相应选取 K=6、7、8、9、10、11。图上取值点的 C（n）消耗代表从此次 K 值自适应取值后，到下一次进行全认证自适应取值前时间段内的认证总消耗。固定 K 值在该取值点的认证消耗代表在此间隔时间段采用固定 K 值 =5

时的认证消耗。可以看出，每次进行 K 值选择，固定 K 值机制与自适应 K 值选择机制相比，认证消耗总是偏高。

（2）网络状态变化幅度较大时，进行 K 值选择，网络状态的 a、b 参数的组合取值发生变化较大。则在此种状况下，进行 K 值自适应选择机制和固定 K 值选择机制的 C（n）消耗比较的一组设计参数如图 6-25 所示。

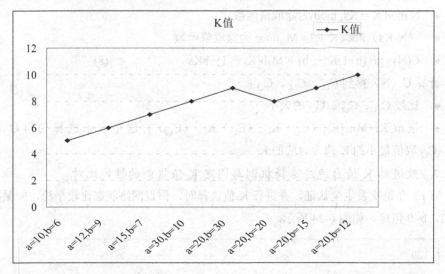

图 6-25　网络环境震荡时的 K 值选择（纵坐标为 K 值，横坐标为环境变量）

如图 6-25 所示，在环境变量 a,b 的取值组合发生变化时，根据自适应的 K 值选择机制，K 值相应的发生动态的变化。最初 a=10,b=6 时，采用固定 K 值为 5，接下来，在第二次 FA 时，进行 K 值自适应选择，K=6，此阶段环境变量为 a=12, b=9，网络环境没有发生大的变化，a、b 的取值基本符合 FA 和 FSA 的认证消耗比例；第 3 次、第 4 次、第 5 次，K 值的选择都是递增的，在这阶段，a、b 的取值关系可以看出都是 a>b 的状态，即意味着网络环境基本正常。而当发生第 6 次 FA 时，a=20, b=30，a<b 意味着网络环境的状态发生转变，此时可能有恶意攻击行为导致重发消息数量增加，或者因为某种客观因素导致的网络信号衰减等等。因而此时 K 值选择达到最大值，并且在接下来的第 7 次 K 值选择时不再递增，而是减少为 8 次。之后 a, b 的取值组合逐渐趋向正常，因此在第 8 次、第 9 次 FA 时，自适应的 K 值选择又开始递增。因此，采用自适应的 K 值选择机制，可以很好地根据网络环境发生变化而动态的调整 K 值选择，尽量依据网络环境而选择 K 值使得总体认证网络消耗较少。

如图 6-26 所示，在上述环境变量发生变化，即网络环境发生震荡的情况下，采用自适应 K 值选择后，相应阶段的网络认证消耗总是比采用固定 K 值机制在该阶段的网络认证消耗小。所以采用自适应的 K 值选择机制不仅能够动态的反映出网络环境的变化，同时也通过相应的 K 值选择使得网络总体认证消耗减少。

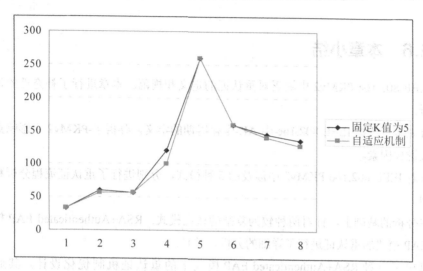

图 6-26　网络环境震荡时认证消耗比对（纵坐标为认证消耗，横坐标为 FA 次数）

从图 6-24、6-25、6-26 可以总结出，采用 K 值自适应机制相对于 K 值固定机制能够更好的随环境变化而进行 K 值选择，以达到减少网络认证消耗的目的。

8. 采用该种 K 值自适应选择的优势

（1）和文献 [117][118][119] 不同，改进机制不仅考虑服务器端的认证消耗，还考虑了客户端和认证服务器端的总体认证消耗，克服了原有方案仅考虑服务器端认证消耗的局限性。

（2）采用此种认证机制，每进行一次 FA 都可以进行一次自适应 K 值选择。文献 [117][118][119] 进行 K 值优化是在每次漫游到一个新的认证者 BS 区域时，才进行 K 值选择，而在蜂窝小区驻留时间内，仅采用固定 K 值机制。与之相比，改进机制能够在 MS 蜂窝驻流时间内，动态的随环境发生变化进行 K 值选择，并且其和固定 K 值选择机制相比，能够减少总体认证消耗。

（3）在计算复杂度上，和 [117][118][119] 使用认证服务器端的 FA 认证次数不同，本节在 E（n）模型上一开始就考虑整体认证次数，使得计算 E（N）时脱离了 K 值的影响，因而降低了计算的复杂度。

（4）适用于漫游情况。由于该种自适应的 K 值选择使用上一次 AV 向量自适应选择的 K 值和在平均消耗参数 a、b 来估计总消耗 C（N）。则在 MS 漫游时，也可以使用公式（8）进行 K 值选择。不同的是，N 值应当是 MS 在前一个 BS 服务范围驻留时间中发生的认证总次数。相应的，a、b 则应当是整个驻留时间中的平均 FA 和 FRA 的消耗。当然这种方法是重入网中的应用，本书不做深入探讨。

6.6 本章小结

IEEE 802.16e PKMv2 中缺乏对重认证的定义和规范。本章进行了补充性的说明和分析。

首先本章依据 IEEE 802.16e 中 AK 生存周期的定义，分析了 PKMv2 中影响重认证的关键性因素。

针对 IEEE 802.16e PKMv2 中涉及的 5 种模式，分别进行了重认证流程分析和总体说明。

在分析的基础上，针对两种较为复杂的认证模式：RSA+Authenticated EAP 模式和双 EAP 模式的重认证进行了详细的分析，并且：

提出了一种 RSA+Authenticated EAP 模式下的重认证机制优化设计。其通过 PAK、PMK 缓存中增加 PAK/PMK_counter 计数器，解决由密钥生存周期设置而导致的认证方法屏蔽问题，加速了 MS 在某一 BS 小区驻留时间内进行设备认证和用户认证的交换频率。并且通过与全认证方式、无计数器单一重认证方式的理想状态比对，证实了该种优化机制的优越性。同时详述了该种机制下的 EAP 重认证和 RSA 重认证流程。

提出了一种基于改进的 EAP-AKAY 方法的 AV 向量自适应 K 值选择机制。该选择机制首先建立了基于 Poisson 服务到达分布和 Gamma 服务驻留时间分布的认证服务次数 E（N）分析模型。在 E（N）分析模型的基础上，结合改进的 EAP-AKAY 重认证方法，提出了认证总消耗 C（N）模型。通过分析 C（N）随 K 值的变化规律，提出了自适应的 K 值选择机制。该自适应的 K 值选择机制和现有的方案相比，不仅考虑服务器端的认证消耗，而且考虑了客户端的认证消耗，从而实现 K 值选择时认证消耗最小，很好地解决了目前已有方案的局限性问题。

第三部分　扩展部分

在IEEE802.16的系列标准中，对Mesh模式最早的支持出现在IEEE 802.16d规范中。相对于其他组网模式，采用Mesh结构有以下四个方面的优势[127, 128, 129]：

（1）大区域内建网和部署成本低、效率高[130, 131]。

（2）多跳传输方式中转数据使得通信业务覆盖范围广。

（3）通过多跳中继缩短数据传输距离获得较高传输速率、网络吞吐量。

（4）节点间冗余通信链路提高网络健壮性。

IEEE 802.16d标准主要支持固定网络通信，因此Mesh模式最初构造的网络只适用于固定宽带网络环境，且无法兼容PMP模式[132, 133]。虽然接下来802.16工作组颁布了支持移动性的IEEE 802.16e标准，其保留了对Mesh网络模式的支持但并未对Mesh模式进行补充和完善，特别是Mesh结构的安全机制仍缺乏清晰的定义。此后802.16工作组引入移动多跳中继（Mobile Multihop Relay, MMR）技术形成一个兼容PMP模式的移动规范IEEE802.16j，并在其基础上继续修改，于2011年颁布了符合4G要求的IEEE 802.16m标准。IEEE802.16j和IEEE 802.16m标准目前仅支持MMR结构，并在规范中未提及Mesh结构及其安全机制。移动多跳中继结构MMR构建了基于中继站RS的多跳树形结构（见本书1.1.3节），其本质是PMP结构基础上的扩充，因此能较好地与PMP结构兼容。

Mesh网状网络结构，不同于相对简单的PMP和MMR结构，其安全领域具有较高的复杂性和不明确性，但又非常适合作为基于物联网IOT的5G时代的网络结构。因此在本书的第三部分——扩展部分，本章将主要分析和探讨IEEE 802.16标准下的Mesh网络中新节点入网认证和通信密钥交换过程，并试图在IEEE 802.16相关标准的定义下构建一个新节点的认证和通信密钥交换机制。

第 7 章 IEEE 802.16 Standard Mesh 网络安全机制分析

7.1 Mesh 网络的特性

事实上，IEEE 802.16 系列标准首次对于 Mesh 模式进行完整地描述出现在 IEEE 802.16d 标准中，此后 IEEE 802.16e 标准也只是表示保留 Mesh 这一部分的描述，发展到 802.16j 和 802.16m 标准阶段并没有进一步的补充完善 Mesh 模式。

在 IEEE 802.16 标准中 Wireless HUMAN（high-speed unlicensed metropolitan area network）提供 Mesh 网络结构的支持。不像 PMP 模式，在 mesh 模式里没有清晰的下行和上行子帧划分。每个站（节点）可以直接与网内其他多个站（节点）建立通信链路，而不是仅仅与 BS 建立连接。然而在典型的安装中仍然有一些节点起着 BS 的作用并将整个 Mesh 网络连入主干网。事实上当使用 Mesh 集中式调度策略时，这些 BS 节点的基本功能与在 PMP 网络中基本一致。所以 Mesh 与 PMP 的主要差别在于 Mesh 模式下 SS 间可以直接建立链路。此外，Mesh 网络中 SS 与 BS 之间的直接链路不是必要的，他们之间的通信可以通过其他 SS 中转。所有这些链路上的通信应该由一个集中式算法控制（由 BS 或者非集中式的通过阶段性的所有节点控制），或以一种分布式（在每个节点的扩展邻域中）的方式调度，或结合这些方式进行调度。

7.1.1 Mesh 模式网络特性

在 1.1.3 节中本书已经对 IEEE 802.16 系列标准的 Mesh 模式进行了基本的介绍，总结如下：

(1)在 IEEE 802.16 标准 PMP 模式和可选 Mesh 模式的区别主要在于 PMP 模式下，数据通信仅能发生在 BS 和 SS 间，而 Mesh 模式下数据通信既可以直接发生在 SS 之间也可以通过某一或某些 SS 作为中转节点发生在 SS 和 BS 间。

(2) 通常 Mesh 网络经由 Mesh BS 接入到主干网中。在 Mesh 模式下，IEEE 802.16 网络中的节点分为 Mesh BS 节点和 Mesh SS 节点，Mesh SS→Mesh BS 方向信道或者 Mesh BS→Mesh SS 方向信道分别描述为上行链路或下行链路。

(3) IEEE 802.16 网络中定义了 3 个术语：邻节点、邻域和扩展邻域。某个节点的邻节点是指与其一跳距离（直接相连）的节点。而某个节点的邻域（neighborhood）指与该节点能够直接通信（一跳距离）的节点集合。而某个节点的扩展邻域（extended neighborhood）则是由其邻域节点的邻居节点集合（二跳距离）中那些不能与该节点直接通信的节点组成的集合。IEEE 802.16 标准对这些节点关系的定义主要是助于在进行调度策略时一些设置。

(4) 需要注意的是，在 IEEE 802.16 Mesh 模式的网络中，将调度策略划分为集中式调度和分布式调度两种。当业务类型为 Mesh SS→Mesh BS 或者 Mesh BS→Mesh SS 时采用集中式调度策略，此时整个网络建立一个以 Mesh BS 为根节点的集中式调度树，在这种调度方式下，网络的拓扑结构更类似于一个以 Mesh BS 为中心的星形网，与 PMP 模式下的网络拓扑结构相似。但不同的是在 Mesh 模式下集中调度树中 Mesh SS 可以通过其他 Mesh SS 进行中继转发发往 Mesh BS 上行链路的或者来自 Mesh BS 下行链路的数据，而 PMP 模式下 SS 与 SS 之间不能直接进行通信，只能与 BS 进行直接通信。IEEE 802.16 Mesh 网络当 Mesh SS 之间通信采用分布式调度时，网络拓扑结构是网状结构（此时 Mesh BS 等同于 Mesh SS）。

(5) 当使用集中式调度策略时，资源的授权将会以一种更为集中的方式产生。Mesh BS 将会收集一定跳数范围内的 Mesh SS 节点的资源申请。依据收集的信息，Mesh BS 将会决定如何对下行和上行链路中的每一条链路进行资源分配，并将授权消息发送到一定跳数范围内的所有 Mesh SS。授权消息并不包括实际的调度策略，但每一个节点应该使用预定的算法基于给定的参数计算调度策略。

(6) 在 Mesh 模式下，即使是 Mesh BS 也必须与其他节点协同后才能进行数据通信。当采用分布式调度策略时，所有节点（包括 Mesh BS）都应向其两跳邻域（邻域与扩展邻域）所有节点广播其调度策略（包括可用资源，申请和授权）。调度策略也可能会基于未协调的申请和授权（request、grants）随机产生于直接相连的两节点间，此种分布式调度叫作非协同式调度。IEEE 802.16 标准通过这种方式来保证在两跳邻域中不会发生数据和控制通信碰撞。在 IEEE 802.16 Mesh 网络中上行和下行链路中调度策略的产生没有任何差异。

总的来说 Mesh 模式与 PMP 模式最主要的不同点在于：在 PMP 模式中 BS 控制管理所有数据通信与交互，SS 与 BS 的地位不平等；而在 Mesh 模式，分布式调度下，消息的交互与数据的传输由两个一跳的 SS 之间进行控制管理，两个距离大于一跳的 SS 的数据传输需要经过其他 SS 中继转发；即使是在集中式调度模式下 Mesh SS 之间也可以直接进行通信。

7.1.2　Mesh 节点的 ID

如在 IEEE 802-2001 标准中定义，IEEE 802.16 标准中每个节点应该有一个 48 位的 MAC 地址。这个地址不仅能够表明该节点可能的生产厂商和设备型号等信息，也在接入网和授权过程中被用来进行网络和候选节点相互间的身份认证。

当候选节点一旦被授权加入网络，其通过一个发往 BS 的申请将被分配一个 16 位的节点标识符 Node ID。Node ID 将可以用于识别节点。在单播和广播消息中，Node ID 被包含于紧接于 MAC 头（MAC header）之后的 Mesh（Mesh subheader）子头中。

每个节点与其邻节点建立的每条链路都会分配一个 16 位的链路标识符 Link ID，用于本地邻域的节点寻址。Link ID 将在邻节点间建立新链路的链路建立阶段被分配。Link ID 将作为 MAC 头的 CID 的一部分出现在单播消息。Link ID 将在分布式调度中用来标识资源申请（request）和授权（grant）。由于这些消息是被广播的，因此接收节点可以通过 Mesh 子头中的 Node ID 和 MSH-DSCH 负载中的 Link ID（Mesh Mode Schedule with Distributed Scheduling）来决定调度策略。

Mesh 模式下的 Connection ID 可用于运输广播/单播，服务参数和链路标识。

7.2　Mesh 模式下的节点入网和同步过程

Mesh 模式下的节点初始化和网络进入过程和 PMP 模式不同。一个新节点进入 Mesh 网络遵循以下过程。当节点可以开始调度传输，整个进入过程可以分为以下几个阶段：

1) 扫描可用网络并与网络建立粗同步；
2) 获得网络参数（从 MSH-NCFG 消息）；
3) 打开中转信道（Sponsor Channel）；
4) 节点授权；
5) 执行注册；

6) 建立 IP 连接；

7) 建立时钟（日钟）；

8) 传输操作参数。

7.2.1 扫描和粗同步

在 MS 初始化或者失去信号时，MS 节点应该搜寻 MSH-NCFG 消息来获得与网络的粗同步。当接收到一条 MSH-NCFG 消息时，节点将从消息的 Timestamp 域获得网络时间。如果节点处于失去信号状态，通常其在存储器中存储有上一次操作参数，MS 节点将首先通过这些参数尝试获得网络的粗同步。如果失败，它将开始持续扫描可能的信道直到发现一个有效网络。

一旦 MS 的物理层获得同步，MAC 层将尝试获得网络参数。同时节点应该建立一个邻节点列表。

7.2.2 获得网络参数

MS 应该持续尝试接收来自不同节点的 MSH-NCFG 消息，直到再次收到来自于同一个节点 MSH-NCFG 消息：只要发现一个运行 ID（operator ID）的网络标识符与它已收到的 MSH-NCFG 一样，即可认为 MS 已收到所有可能的 MSH-NCFG 消息。同时，新节点应该通过收到的信息建立一个邻节点列表。

邻节点列表信息如下 [所有基础功能例如像调度和网络同步都是基于邻节点信息。每一个节点（BS 和 SS）应该维护一个邻节点列表包含以下信息]：

（1）MAC Address：

48 位邻节点地址。

（2）跳数：

指出从当前节点到达邻节点的跳数距离。如果该节点能直接从邻节点收到数据包那么认为他们之间的距离是 1。

（3）节点标志符：

16 位数字，可以再 MSH-NCFG 消息中标志该节点。

（4）Xmt Holdoff Time：

最小的 MSH-NCFG 传输概率值，即在 Next Xmt Time 之前该节点不发送 MSH-NCFG 消息。

（5）Next Xmt Time：

该节点预计发送下一条 MSH-NCFG 消息的时间间隔。

（6）Reported Flag：

如果该节点的 MSH-NCFG 消息中设置了 Next Xmt Time 值，则该值设置为 TRUE，否则设置为 FAULSE。

（7）同步跳数计数器：

当与网络进行同步时，这个计数器决定节点间的优先级。与外部同步的节点（例如使用 GPS）时钟将被设置成主时钟。这些节点同步跳数值为 0。节点应该与拥有同步跳数值低的节点同步。如果节点间的同步跳数计数器值相同时，拥有更小的节点 ID（Node ID）的节点优先级高。

新节点应该从建立的邻节点序列中所有拥有网络 ID（Network ID）的节点中选择一个潜在的中转节点（Sponsoring Node），并且从该节点发现一个合适的运行 ID（Operator ID）。这个新节点应该接下来与该中转节点同步，同时选择一个合适的发送时机发送一个 MSH-NENT 消息 [此消息中将包含有向中转节点 Node ID 的入网申请（NetEntry Request）信息]。

在该新节点获得一个 Node ID 之前，它将使用临时节点 ID（0x0000）。

一旦这个候选节点选择了一个中转节点（Sponsoring Node），它应该与中转节点间进行基础能力协商与授权。基于此，候选节点首先将申请中转节点开放中转信道（Sponsoring Channel）进行更多的消息交换。

7.2.3 打开中转信道（Sponsor Channel）

一旦新节点选择了某个邻节点作为它的候选中转节点，它将成为一个候选节点（Candidate Node）。在进一步初始化进程中候选节点将向候选中转节点申请建立一个临时的调度计划以便在下一步的候选节点初始化过程中传输消息。这个临时的调度计划在 TDD（时分复用）方式下的表现形式就是一条中转信道（Sponsor Channel）。

这个过程由候选节点通过发送一条 MSH-NENT（类型值设置为 0x2 的 NetEntry Request 消息）发起。如果候选中转节点接收到中转节点 ID（Sponsor Node ID）等于自己节点 ID（Node ID）的 MSH-NENT（NetEntry Request）消息时，将同意并分配候选节点一条中转信道（Sponsor Channel）或者拒绝其请求。来自候选中转节点的应答将封装在 MSH-NCFG 消息中。如果候选中转节点在该消息中未包含候选节点的 MAC 地址，则候选节点将会重新发送 MSH-NENT（NetEntry Request），此过程最多重复 MSH_SPONSOR_ATTEMPTS 次数（每一次重复间隔为一个随机退避时间）。如果这些尝试都失败了，新节点将重新选择一个邻节点作为中转节点，并重启整个入网过程（包含网络粗同步）。

一旦候选节点收到一个来自候选中转节点的包含 NetEntry Open 的 MSH-NCFG 消息，将在接下来的第一个网络进入传输时隙中通过发送一个包含 NetEntry Ack 的 MSH-NENT 消息向中转节点确认。在此之前候选节点将执行精准时间同步：它将通过收到的 MSH-NCFG 的 NetEntry Open 信息中指出的传播时延来矫正传输时间。

如果候选中转节点接受了申请并且同意开放一个中转信道，则该信道将立刻被候选节点用于接下来的消息确认。接下来，候选中转节点将成为中转节点。

如果候选中转节点 发送一条 MSH-NCFG：NetEntry Reject 消息，则新节点应该依据消息中的拒绝码执行以下动作：

（1）0x0：运营认证值无效（Operatior Authentication Value Invalid）：候选节点应该选择一个不同运营 ID 的新候选中转节点。

（2）0x1：过长传播时延（Excess Propagation delay）：候选节点应该在接下来的网络入口传输时隙中向相同的候选中转节点重发送它的 MSH-NENT：NetEntry Request 消息。

（3）0x2：选择新候选中转节点（Select new sponsor）：候选节点应该重新选择一个候选中转节点。

如果候选中转节点既没发送 MSH-NCFG：NetEntry Open 也没有发送 MSH-NCFG：NetEntry Reject，在收到 NetEntry Open 消息前候选节点最多等待 T23（在 T23 计时器过期前）时间，如果等待超时则重发 MSH-NCFG：NetEntry Request 消息。

7.2.4　入网过程中转信道中的协商、授权与注册过程

开放中转信道后，候选节点和中转节点应该立刻根据在 NetEntryOpen 消息中的调度计划表执行以下消息交换。

（1）基础能力协商：

在 Mesh 模式中，基础能力协商将在两节点间的逻辑链路建立后进行。

（2）节点授权：

新节点执行授权过程中，新节点相当于 SS。中转节点应该把收到的 Auth Info 和 Auth Request 消息隧道化并发送至认证节点。

授权节点相当于 BS，将在授权过程中验证新节点的证书，并决定是否授权新节点加入网络。如果中转节点收到来自于授权节点的隧道化 PKM RSP MAC 消息后，将其转发给新节点，完成授权。

（3）节点注册：

节点注册就是指给候选节点分配节点 ID（Node ID）。当中转节点收到新节点的 REG-REQ 消息应该隧道化并转发至注册节点。当收到注册节点的 REG-RSP MAC 消息后，中转节点将继续转发给新节点。

（4）建立 IP 连接：

获得授权和注册后，节点应该通过 DHCP 获得一个 IP 地址，并且使用中转信道实现。

（5）建立时钟：

Mesh 网络中的节点应该获得时钟（IETF RFC 868）。建立时钟使用的相关消息需封装在 UDP 包中，并使用中转信道传输。

（6）传递运行参数：

候选节点通过 DHCP 成功获得 IP 地址后，候选节点应该使用 TFTP 下载一个参数文件。这个过程中候选节点应该使用中转信道。

当这个过程完成后，候选节点将紧接通过发送一条 MSH-NENT：NetEntry Close 消息终结入网过程，中转节点将会通过一条 MSH-NCFG：NetEntry Ack 来确认此消息。接下来：

（7）建立预备参数：

Mesh 网络通过逐分组的 Mesh CID 来进行 QoS 预留。一个 Mesh 节点在传递运行参数过程中将获得其授权的 QoS 参数集。

7.2.5 与邻节点建立连接

当进入网络后，一个节点可以与其他节点（非中转节点）建立连接。这里的非中转节点主要指邻节点。这个过程使用 MSH-NCFG：Neighbor Link Establishment IE 消息。

7.2.6 Mesh 模式下的 MAC 消息隧道化

Mesh 网络的入网过程中，MAC 消息可能需要多跳来转发。在这种情况下，中转节点应该将相当于 SS 的新节点的 MAC 消息转发给相当于 PMP 结构下 BS 的通信另一方。同样的，中转节点应将 BS 的 MAC 消息转发给新节点。

中转节点应该管道化来自于新节点（SS）的 MAC 消息，即封装在 UDP 消息发送给形如 BS 的另一端。中转节点也应从收自 BS 端的 UDP 包中提取出 MAC 消息，并转发至新节点。

同样，所有需要多跳实现的端到端通信的 MAC 消息需要管道化。

7.3 WiMAX Mesh 网络入网认证和密钥交换过程及安全分析

7.3.1 Mesh 模式下的新节点认证

如本书 7.2.4 节中所述，一旦中转节点同意打开中转信道，新节点随后需要进行基础能力协商，并获得认证方（第三方）的授权，从而获得网络的合法身份加入网络。目前 IEEE Standard 802.16 标准中 PKMv2 未对 Mesh 模式下的新节点认证或重认证方法进行特殊说明。

而最新的 IEEE Standard 802.16m PKMv3 中虽然在 PKMv2 的基础上做了一些改进，如增加对管理消息的完整性保护，但和 IEEE Standard 802.16j 标准一样其并没有定义 Mesh 结构下的认证和密钥管理如何实现。PKMv3 中说明 802.16 标准仅支持 EAP 认证，并且 IEEE Standard 802.16m 标准通过 SBC-REQ 消息的授权策略支持域（Authorization policy support）的设置定义了要么不使用认证，要么只能使用基于 EAP（EAP-Based）认证：即 SBC-REQ 消息的授权策略支持域（Authorization policy support）该位值为 0 表示无认证，1 表示使用 EAP-Based 认证。有关 EAP-Based 认证模式可见 4.1 节。

事实上，无论是 PMP 结构下还是 Mesh 结构下，新入网节点均需要通过认证方认证服务器（Authentication Server）的认证，通常这个过程是一个双向认证过程（PKM 中是单向认证，但证明存在安全隐患）。两者区别在于，在 PMP 结构下，新节点 MS 是直接与 BS 通信，而在 Mesh 模式下，新节点可能需要经过一跳或多跳与 BS 进行通信，进而经由 BS 通过认证服务器的认证。两者的区别如图 7-1（PMP 结构）和 7-2（Mesh 模式）所示。

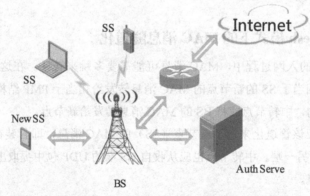

图 7-1 PMP 结构下新节点入网认证

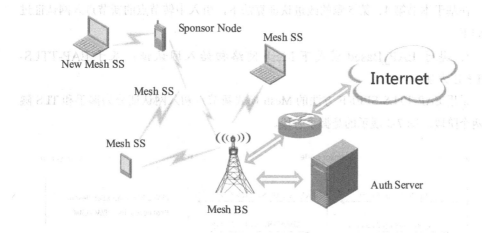

图 7-2 Mesh 模式下新节点入网认证

图 7-1 展示的网络结构下的认证过程，在 PKMv2 模式下则可参看本书第一部分的第 4 章和第 5 章，其中针对每种认证模式都有非常详尽的分析、设计和说明。

在 Mesh 模式下，如图 7-2 所示，在多跳环境中，新节点需要通过中转节点与 BS、认证服务器进行通信达到双向认证的目标。和 PMP 结构下的新节点初入网相比，Mesh 模式初入网认证流程基本一致，需要处理和保证的是中转节点中转消息时的机密性和完整性。IEEE Standard 802.16e PKMv2 中并没对此有明确的说明，但定义了一旦一个节点入网后应具有一个 Operator Shared Secret 密钥，此密钥是所有节点共有的，并且用于消息的完整性保护，即可生成 HMAC 或 CMAC 值。而在 IEEE Standard 802.16m PKMv3 中明确定义了：当某节点作为中转节点中转 MS 和 BS 之间的消息时，应将收到的来自 MS 的消息附带上 CMAC 值后发往 BS 节点。因此无论是 PKMv2 还是 PKMv3 中 BS 节点收到信息后都将通过对 HMAC 和 CMAC 的值来验证完整性。反过来，如果中转节点收到来自 BS 发往 MS 的消息后，也需核对 HMAC/CMAC 值来验证完整性。假如在中转节点和 BS 之间还有多跳，则所有多跳节点都可以通过 HMAC/CMAC 值来对消息完整性和一致性进行验证，如果发现消息的 HMAC/CMAC 值与自己计算的不一致，则可直接丢弃。

如本书第一部分所述，PKMv2 中可采用 4 种不同的认证模式，即单一 EAP 模式、EAP+Authenticated EAP 模式、单一 RSA 模式、RSA+EAP 混合模式。而 PKMv3 中，仅采用 EAP_Based 模式进行认证。结合 PKMv2 和 PKMv3 的特点，因此本节重点讨论一下基于 EAP 的 Mesh 模式新节点入网认证和密钥授权。

在基于本书第 4、第 5 章的改进认证算法下，引入中转节点的新节点入网认证过程如下：

1. 基于 EAP_Based 模式下 Mesh 网络初始入网认证：基于 EAP-TTLS-SPEKE 方法

采用 EAP-TTLS-SPEKE 方法的 Mesh 模式新节点初入网认证分为握手和 TLS 隧道两个阶段。图 7-3 展示的是握手阶段。

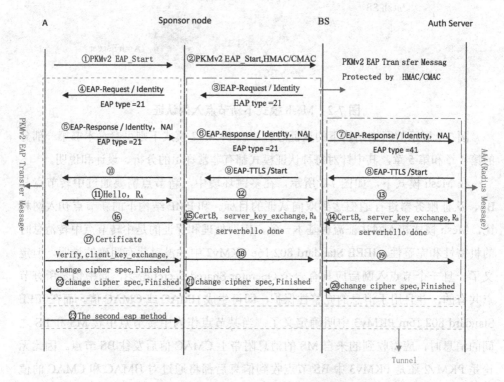

图 7-3　EAP-TTLS-SPEKE 方法的握手阶段

图 7-3 中从左至右依次为：A 为新节点，中转节点（Sponsor Node），BS 节点，认证服务器（Auth Server）。A 节点发出的所有信息经由中转节点（Sponsor Node）转发至 BS 节点处，并由 BS 节点提交给认证服务器完成认证。在中转节点和 BS 节点间所有信息均需加上基于 Operator Shared Secret 计算的 HMAC/CMAC 值。某些情况下中转节点（Sponsor Node）与 BS 间可能存在其他中间节点，这些中间节点同样需要验证 HMAC/CMAC 值，并完成消息的中转。

基于 EAP-TTLS-SPEKE 方法的 Mesh 模式新节点初入网认证握手阶段流程如下：

（1）新节点 A（MS）向中转节点 Sponsor Node 发送 PKMv2 EAP Start 消息①，

第 7 章　IEEE 802.16 Standard Mesh 网络安全机制分析

中转节点 Sponsor Node 在该消息后附带上 HMAC/CMAC 值转发给 BS 如消息②，BS 节点收到后验证 HMAC/CMAC 值，消息验证码正确则说明消息的完整和一致性。

（2）在消息验证码正确的情况下，BS 用 PKMv2 EAP Transfer 消息封装 EAP_Request/Identity 消息，通过 EAP_Type 为 21 要求客户端 A 进行 EAP-TTLS 身份验证，并附带上 HMAC/CMAC 值，发往中转节点如消息③；中转节点收到后验证 HMAC/CMAC 值，如正确，则将去掉验证码的 EAP_Request/Identity 消息通过 PKMv2 EAP Transfer 转发给新节点 A，如图消息④。

（3）A 收到后通过 EAP_Response/Identity 消息将身份识别数据发送回给中转节点 Sponsor Node，如消息⑤，中专节点收到该消息后附上验证消息验证码，将消息转发给 BS，如消息⑥。

（4）BS 收到消息后，如验证消息验证码正确，则使用 AAA 协议将 EAP_Response/Identity 报文封装后转发给认证服务器，如消息⑦。

（5）认证服务器收到 BS 发来的身份识别数据后，发出 EAP-TTLS/START 进行应答，要求开始 EAP-TTLS 会话，如消息⑧。

（6）BS 将 EAP-TTLS/START 消息附上消息验证码发给中转节点，如消息⑨；中专节点收到并验证消息验证码正确则去掉消息验证码并转发给新节点 A，如消息⑩。

（7）新节点收到 EAP-TTLS/START 后向中转节点发送 Hello 报文，此时 TLS 握手正式开始进行 A 和 BS 间的加密及压缩数据方法协商。在 Hello 报文里应当包含协商过程所需的一些参数（如所用的 TTLS 版本、Session ID、A 端产生的随机数 RA，与 A 的安全能力，如加密套件等），如消息⑪。

（8）中转节点收到 Hello 报文后，加上基于 Operator Shared Secret 的 HMAC/CMAC 值后，转发给 BS 节点，如消息⑫，BS 收到后，使用 AAA 协议将 EAP-TTLS/START 发送给认证服务器，如消息⑬。

（9）认证服务器收到 Hello 报文后，检验 Session ID 内容是否为空或不能识别，如果是则会要求重新建立新连接。如果 Session ID 可以识别并与前一个吻合，则会从 A 的加密套件中挑选出可使用的一组，包含在认证服务器送出的 Hello 信息中。该信息与 A 送出的相同，同时送出认证服务器的证书、建立 Session Key 的数据（server key_exchange）和（Server Hello Done）信息，以及认证服务器产生的随机数 RB，如消息⑭；BS 收到该消息后，附带上 HMAC/CMAC 值，发送给中转节点，如消息⑮。

（10）中转节点验证 HMAC/CMAC 值正确，则将该消息去掉 HMAC/CMAC 值，并转发至 A，如消息⑯。

（11）A 收到 Hello 信息中的 Certificate_Request 时，响应的数据需要包含经

187

自己签署过的认证响应（Certificate_Verify）、建立 Session Key 的数据（Client Key Exchange）。响应数据还应当包括采用服务器 B 端公钥加密的 Pre-Master Key、设定的加密参数（Chagnge Cipher Spec），TLS Finished 信息等，A 将该信息发送给中转节点，如消息 ⑰。

（12）中转节点将该消息附带上消息验证码转发给 BS，BS 验证后去掉消息验证码转发给认证服务器，如消息 ⑱、⑲。

（13）认证服务器验证（Certificate_Verify），如果失败，表示 A 身份有问题，必须送出警告信息并等候 A 响应。A 对警告做出的响应信息为 Hello 信息，即重新开始新的 Session；否则，立即中止认证。如果验证正确，则送出再次确认的加密参数（Chagnge Cipher Spec）和 TLS Finished 信息，在 Finished 信息内包含有认证服务器签署过的认证回应。认证服务器将该信息发送给 BS，BS 附上消息验证码转发给中转节点，如消息 ⑳、㉑。

（14）中转节点接收 BS 发送来的 Finished 信息和其他信息后，验证正确，去掉验证码转发给 A。

（15）A 对 Finished 消息进行验证，如通过，则双方共享加密密钥 K，隧道建立成功。在隧道的保护下开始发送第二轮的 EAP-SPEKE 方法消息，表示认证通过。

上述这些消息中④、⑤、⑩、⑪、⑯、⑰、㉒ 均使用 PKMv2 EAP Transfer 携带 EAP-TTLS 负载。②、③、⑥、⑨、⑫ 均使用 PKMv2 EAP Transfer 携带 EAP_TTLS 负载，并带有 HMAC/CMAC 消息验证码。⑦、⑧、⑬、⑭、⑲、⑳ 使用 AAA 协议如 RADIUS 携带 EAP_TTLS 负载。㉓ 基于隧道保护。

握手阶段结束，认证成功，客户端新节点和认证服务器及 BS 将拥有共同的隧道密钥，并使用隧道密钥在隧道保护下进行 EAP-SPEKEY 方法的认证，过程如图 7-4 所示。

和 PMP 模式下的基于 EAP-TTLS-SPEKEY 方法的隧道阶段认证相比（如图 4-10），Mesh 模式网路中多了中转节点（中转节点和 BS 也可能无法直接通信，需经过多跳连接），因此，和握手阶段类似所有中转节点与 BS 之间的传输的消息需附带上基于 Operator Shared Secret 的 HMAC/CMAC 值。隧道阶段认证流程请参照本书 4.1.6 节。

在本书的 4.1.8 节中对 EAP-TTLS-SPEKEY 方法进行了安全性能分析，在 PMP 模式下此改进方法可以有效地抵抗中间人攻击，并能快速的发现中间人攻击。虽然 Mesh 模式下增加了中转节点（可能还包含用于实现 Sponsor node 与 BS 间通信的转发节点），由于中转节点非常类似于 4.1.8 节中中间人的角色，而且中转节点除了增

第 7 章 IEEE 802.16 Standard Mesh 网络安全机制分析

加、去掉消息的 HMAC/CMAC 值外只是简单地转发途经的消息,因此 EAP-TTLS-SPEKEY 方法在 Mesh 模式下仍然具有 4.1.8 节中的安全性,当然中转节点的介入会增加转发次数,增加认证消息的延迟,从认证效率上来说是不如 PMP 模式的。

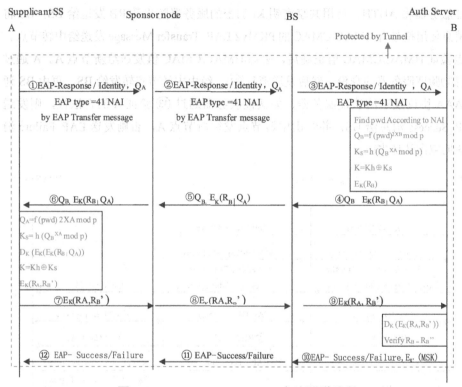

图 7-4　EAP-TTLS-SPEKEY 方法隧道阶段

2. EAP-Authenticated EAP 模式:EAP-AKAY+EAP-SPEKEY 认证方式

在 Mesh 模式下如果选取 EAP-Authenticated EAP 认证模式作为新节点入网认证方式,根据 4.2 节对该种模式的 EAP 方法选取的分析,两种改进的 EAP-AKAY+EAP-SPEKEY 可作为一种合适的两轮 EAP 方法。和 PMP 网络模式不同,Mesh 模式下新节点进入网络通常需要经过中转节点转发它与 BS 节点间的通信。因此对 4.2.7 节的认证流程进行修改后如图 7-5 所示。

如图 7-5 所示,新节点 A 先发送 PKMv2 EAP_Start 消息,中转节点收到该消息附带上基于 Operator Shared Secret 的 HMAC/CMAC 值后,转发给 BS,BS 收到则验证 HMAC/CMAC 值是否正确,如正确则回应一则 EAP-Request/Identity 消息,并由中转节点转发给新节点 A。当 A 收到该 EAP-Request/Identity 消息后,将通过 EAP-Response/Identity 消息响应,并附上自己的 NAI。该 EAP-Response/Identity 消息经过

189

中转节点转发后被 BS 收到，BS 通过消息验证码 HMAC/CMAC 值验证正确后，将通过 AAA 协议将此消息转发至 Auth Server 进行验证。在 Auth Server 端将计算含有主密钥信息的 AV 向量，以及用于认证新节点的一系列值，详细细节可参看 4.2.7 节。认证服务器将 AUTH、使用共享密钥 Ki 加密的服务器随机数 RB 发送给 BS，BS 将此消息使用携带有 HMAC/CMAC 的 PKMv2 EAP_Transfer Message 发送给中转节点。节点验证 HMAC/CMAC 值正确后，去掉 HMAC/CMAC 值发送给新节点 A。A 通过消息⑩验证服务器的身份，然后发送消息⑪，经由中转节点转发给 BS，再由 BS 通过 AAA 协议发送给认证服务器，如认证服务器通过⑬验证 A 的合法性，则发送 EAP_Success 消息给 BS，并经由中转节点发往新节点 A，否则发送 EAP_Failure 消息说明双向认证失败。

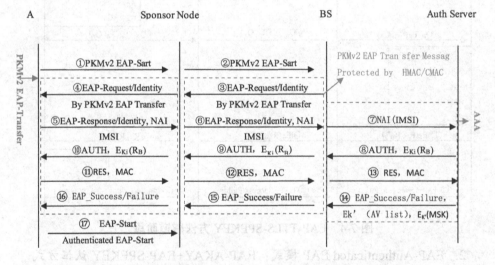

图 7-5　EAP-Authenticated_EAP 的第一轮 EAP-AKAY 方法

如图 7-5 中，消息④、⑤、⑩、⑪、⑯ 均使用 PKMv2 EAP Transfer 消息封装。中转节点和 BS 之间的消息均使用基于 Operator Shared Secret 的 HMAC/CMAC 的 PKMv2 EAP Transefer 消息封装发送，如消息②、③、⑥、⑨、⑫、⑮。BS 和 Auth Server 之间则通过 AAA 协议封装认证消息，如⑦、⑧、⑬、⑭。

当完成第一轮 EAP_AKAY 认证后，新节点 A 向通过中转节点向 BS 发送 PKMv2 Authenticated EAP_Start 消息开始第二轮 EAP-SPEKEY 方法，如图 7-6 的消息⑰。该则消息附带有使用 EIK 计算的 MAC 摘要，关于密钥层次可参看 4.2.7 节。具体流程和本节中讨论的 EAP-TTLS-SPEKEY 方法的隧道 SPEKEY 过程一致，如图 7-6 所示。

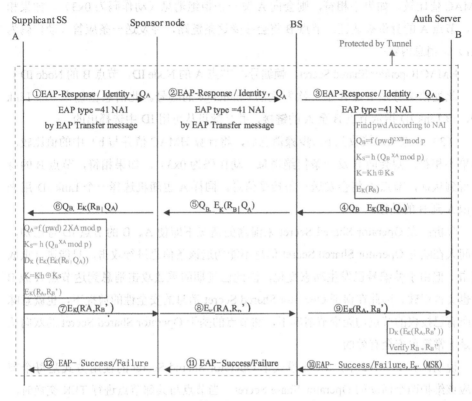

图 7-6 第二轮 EAP-AKAY 方法

7.3.2 邻节点建立连接时认证过程

依据 7.2 节对新节点入网过程的介绍，当新节点通过认证服务器的认证获得授权进入网络后，还需要与邻节点建立连接，这个连接过程其实也是一个邻节点与新节点的相互认证过程，这个阶段主要基于双方在入网后获得的共享密钥 Open Shared Secret 来实现，具体的步骤如下：

候选节点与其他节点建立连接的过程包括三次握手如下所示，其中节点 A 表示候选节点，B 表示邻节点。

（1）节点 A 发送一个 Challenge 挑战（动作码为 0x0）信息：

HMAC{Operator Shared Secret，帧编号，节点 A 的 Node ID，节点 B 的 Node ID}

这里 Operator Shared Secret 是认证服务器分配给 A 的一个私钥（在入网时使用过），并且帧编号是节点 B 上一次发送的 MSH-NCFG 消息的编号。

（2）节点 B，收到节点 A 发来的 Challenge 消息后，计算 HMAC 值并与 a）中 HMAC 值比较。如果不相符，则会向 A 发一条拒绝消息（动作码为 0x3）。如果相符，节点 A 的身份被认证，节点 B 将会接受这条链路，并发送一条应答（动作码为 0x1），消息内容：

HMAC{Operator Shared Secret, 帧编号, 节点 A 的 Node ID, 节点 B 的 Node ID}

此处帧编号是节点 A 上一次发送的 Challenge 的编号。此消息也包含一个 Link ID，该 Link ID 指示节点 B 至 A 的链接，并是随机从可用 ID 中选择出的。

（3）节点 A，接收到 b）步骤消息后，将计算 HMAC 值并与 b）中的值比较。如果不相符，则会向 B 发一条拒绝消息（动作码为 0x3）。如果相符，节点 B 的身份得到认证，节点 A 将会发送一条接受信息。同样 A 也随机选择一个 Link ID 用来标识 A 到 B 的链接。

分析：在 Operator Shared Secret 未泄露的情况下即使 A、B 的节点 ID 号已知，中间人在缺乏 Operator Shared Secret 信息不能伪造该条信息进行攻击，只能进行重放攻击。但由于帧编号已发生动态变化，因此已过期的重放攻击消息到达节点 A 或 B 时也会被识破。因此在保证 Operator Shared Secret 消息的安全性的前提下，也就意味着所有已授权的节点均无变节情况下，邻节点的基于 Operator Shared Secret 的双向认证是非常简单安全有效的。

说明：在 PKMv2 中，Mesh 模式下 Operator Shared Secret 的使用方式是每个节点应该维护两个活动的 Operator Share Secret。当节点与其邻节点进行 TEK 交换时，一个节点应该使用 Operator Share Secret 来计算 HMAC-Digest，并附带在 Key Request 和 Key Reply 消息后。而 PKMv3 中未对 Mesh 模式下的 Operator Shared Secret 进行说明。

7.3.3 Mesh 模式下的 TEK 交换

当新节点首次入网认证获得 AK 授权后，为进行保密数据通信，还将要求进行 TEK 交换。在 Mesh 模式下，新节点的 TEK 交换可分为两种情况。

1. 新节点与 BS 进行 TEK 交换

新节点入网，先将通过中转节点与 BS 进行 TEK 交换。

• PKMv1 版本的新节点与 BS 之间的 TEK 交换：

IEEE 802.16 标准 PKM（版本 1）中，Mesh 模式下的 TEK 交换通过 2 条消息实现：Key-Request 和 Key-Reply（消息细节可参见本书 2.2.2 节），流程如图 7-7 所示。

在图 7-7 中 SS 通过 Sponsor Node 的中转将 Key Request 消息发送给 BS，由于此

时来自 SS 的消息均受到 HMAC 的保护，因此 Sponsor Node 需验证 HMAC 值是否正确，如正确则不做修改直接转发给 BS，而 BS 通过验证 HMAC 值确定消息的准确和完整性，如无问题则通过 AAA 协议将该 Key Requestrian 发送给 Auth Server。

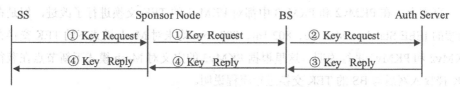

图 7-7 Mesh 模式下 PKMv1 TEK 交换流程

接下来 Auth Server 根据密钥材料计算一对 TEK，并通过 KEK 进行加密后发送给 BS，而 BS 将该 Key Reply 消息附上 HMAC 值发送给中转节点。中转节点验证消息正确后，将不做修改转发给 SS，SS 通过 HMAC 值验证消息，如正确则获得一对用于与 BS 通信的 TEK 密钥。

图 7-7 中消息②、③均通过 AAA 协议发送，而凡是消息序号相同的消息表明该消息内容相同，如 SS 与中转节点间的消息①和中转节点与 BS 间的消息①内容完全相同。

说明：按照 IEEE 802.16e PKMv1 中（IEEE 802.16d 中定义的 Mesh 模式下的 Key Request 消息 AK 序列号这一项为 SS 的 X.509 证书）的定义，如图 7-7 中的序号①、②消息需附带上基于 Operator Shared Secret 计算的 HMAC 值。Key Request 的消息内容如表 7-1 所示。

表 7-1 Key Request 消息

属性	内容
AK 序列号	AK 密钥的序列号
SAID	SA 指示符
HMAC 值	使用 HMAC_KEY_S 计算的值

此处 HMAC_KEY_S 的值为：

HMAC_KEY_S = SHA（H_PAD_D|Operator Shared Secret）

H_PAD_D = 0x3A repeated 64 times

安全分析：由于在 Mesh 模式下，新节点与 BS 节点间的 TEK 交换与 PMP 模式相比仅多了中转节点，因此对 PKMv1Mesh 模式下的 Key Request 分析可参看本书 2.2.3 节中 TEK 交换攻击方法构造的分析。显然在 Mesh 模式下虽然有了基于 OSS（Operator Shared Secret）的 HMAC 的保护，仍然可能引起中间人的重放攻击而导致中转节点或 BS 的拒绝服务。

比较好的办法是在 Key Request 中引入随机数或帧序号来防止消息的重放攻击。

- PKMv2 版本的新节点与 BS 之间的 TEK 交换：

事实上，在 PKMv2 和 PKMv3 中都对 PKMv1 的 TEK 交换进行了改进，但是在后续的 IEEE Standard 802.16e、802.16j、802.16m 均未对 Mesh 模式下的 TEK 交换在 PKMv2 和 PKMv3 进行说明。这里根据 PKMv2 的定义对 Mesh 模式下新节点在获得 AK 授权入网后与 BS 的 TEK 交换进行流程说明。

如图 7-8 所示，BS 通过 PKMv2 SA-TEK-Challenge 发出 TEK 挑战，中转节点转发给 SS。SS 收到后通过 PKMv2 SA-TEK-Request 向 BS 发出 TEK 交换申请。BS 收到消息后将通过 AAA 协议将该消息内容发送给认证服务器完成 TEK 的生成。并在 PKMv2 SA-TEK-Response 消息中将一对 TEK 发送给 SS，途中经由中转节点转发。SS 收到后将获得一对 TEK 用于 SS 与 BS 的通信。消息①、②、⑤均附有基于 Operator Shared Secret 的 HMAC 值，HMAC 计算方法如本节前面所述。收到该消息的接收端或者中转节点均需对该值进行验证，以确保消息是否完整、未受篡改，如发现 HMAC 值不正确则将无法完成本次 TEK 交换。③、④消息是 BS 与 Auth Server 之间基于 AAA 的消息交换。

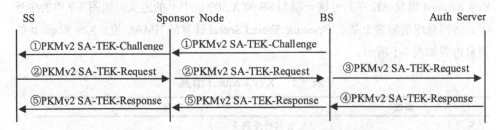

图 7-8　Mesh 模式下 PKMv2 TEK 交换流程

由于 PKMv2 SA-TEK-Challenge、PKMv2 SA-TEK-Request、PKMv2 SA-TEK-Response 消息中（消息内容可参看本书 2.6.1 节）均引入了来自 SS 或者 BS 的随机数或帧序号，因此可以有效地抵抗重放攻击。其安全性分析可以参看本书 2.6.3 节。

- PKMv3 版本的新节点与 BS 之间的 TEK 交换：

虽然 PKMv3 没有针对 Mesh 结构进行定义，在 PKMv3 中新节点与 BS 进行 TEK 交换进行三步握手，使用消息：PKMv3 Key_Agreement-MSG#1、PKMv3 Key_Agreement-MSG#2、PKMv3 Key_Agreement-MSG#3，和 PKMv2 的三步握手过程比较相似，具体消息的内容如表 7-2，7-3，7-4 所示。

表 7-2　PKMv3 Key_Agreement-MSG#1 消息

属性	内容
ABS_Random	一个 64 位的随机数
Key Sequence Number	PMK 序列数
AKID	AK 的 AKID
Key Lifetime	PMK 的生存周期，仅在初始化认证或者重认证中使用 EAP_based 方法时包含该属性
CMAC Digest	消息验证码

表 7-3　PKMv3 Key_Agreement-MSG#2 消息

属性	内容
AMS_Random	AMS 随机产生的一个 64 位的随机数
BS_Random	SS 接收到的 PKMv3 Key_Agreement-MSG#1 消息中的 BS 随机数
Key Sequence Number	PMK 序列数
AKID	AK 的 AKID
Security Negotiation Parameters	描述申请 AMS 的安全能力
CMAC Digest	消息验证码

表 7-4　PKMv3 Key_Agreement-MSG#3 消息

属性	内容
AMS_Random	来自于 PKMv3 Key_Agreement-MSG#2 中 AMS 的随机数
ABS_Random	来自于 PKMv3 Key_Agreement-MSG#1 中 ABS 的随机数
Key Sequence Number	新 PMK 序列数
AKID	AK 的 AKID
SA 支持	该位： Bit 0：如果该位设置为 1，则不支持 SA Bit1：该位设置为 1，则支持 SAID 0x01 Bit2：该位设置为 1，则支持 SAID 0x02
Security Negotiation Parameters	如 PKM 版本号、PN 尺寸、认证策略、消息验证函数
CMAC Digest	消息验证码

　　PKMv3 的 TEK 交换和 PKMv2 的三次握手 TEK 交换消息的主要不同之处在于 PKMv3 中，只支持 CMAC 消息验证码的计算。如果采用 PKMv3（实际 IEEE 802.16m 并没有提及 Mesh 结构）整个 Mesh 结构下的节点入网认证过程如图 7-9 所示。

　　具体流程和 PKMv2 的 TEK 交换流程非常相似，读者可参照"PKMv2 版本的新节点与 BS 之间的 TEK 交换"部分。由于加了消息交换双方的随机数，以及 CMAC

的一致和完整性保护,PKMv3 的 TEK 交换是安全的。由于 PKMv3 TEK 交换流程和 PKMv2 非常相似,相关安全分析可具体可参看本书 2.6.3 节。

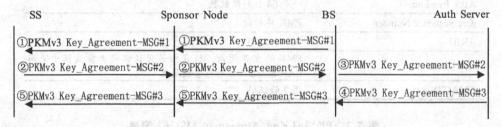

图 7-9 Mesh 模式下 PKMv3 TEK 交换流程

2. 新节点与邻节点进行 TEK 交换

IEEE 802.16 系列标准中对 Mesh 网络模式新节点的 TEK 状态机进行了定义:"一旦获得授权,新节点应该开始为在 Authorization Reply 消息(PKM 版本 1)中 SAIDs 代表的每一个邻节点启动一个 TEK 状态机。每一个 TEK 状态机将负责管理相关 SAID 的密钥材料。节点应该负责维护与其进行 TEK 交换的所有节点的 TEK 密钥。节点的 TEK 状态机将阶段性的向邻节点发送 Key Request 消息,以便进行密钥材料的更新。"事实上,在 Mesh 模式下,新节点获得授权加入网络后,就和邻节点建立了链接,并通过了认证。在无须通过 BS 中转的情况下,新节点可以与邻节点直接进行通信,因此一旦相邻节点间需要进行数据交换需要彼此进行 TEK 交换。

如前所述,新节点与 BS 进行 TEK 交换仅建立了新节点与 BS 之间的共享 TEK,这是建立在 BS 授权给新节点的 AK 基础上的,不同网内节点从 BS 获得的 AK 各不相同。Mesh 模式下,当新节点与相邻节点在初次进行数据通信之前并不具有相同的共享 AK 或 TEK,他们仅有共享 Operator Shared Secret,而此密钥在全网都是共享的,并不具备进行相邻节点数据通信密钥的保密性要求。按 IEEE 802.16 标准的定义 Operator Shared Secret 仅用于产生消息验证码 HMAC。

在 Mesh 网路中,实现相邻节点间直接的数据通信比 PMP 模式下通过 BS 中转无疑要高效得多,但同时应该具备数据安全性。为了保证节点间通信的保密性,不同相邻节点对间应具有不同的 TEK 密钥。虽然 IEEE 802.16 标准定义了新节点如何维护自己的 TEK 状态机,并通过 TEK 状态机实现 SA 上(包括相邻节点间的 SA)的 TEK 更新,但是基于 PMP 模式定义的新节点与 BS 之间的 TEK 交换显然不适用于 Mesh 模式下相邻节点间的 TEK 交换。这是由于 BS 端可以通过认证服务器的支持实现多节点的证书存储、TEK 密钥管理和维护,而普通的 Mesh 节点不具备这样的计算能力与存储能力。因此在 IEEE 802.16 标准中缺乏对于 Mesh 相邻节点间,或者一定跳数范围节点间的 TEK 交换方法的定义。

文献 [134] 认为"如果为 Mesh 网络中任意通信节点对均提供一对密钥及签名，则 n 个点则需要 n(n-1) 对密钥及签名"。按照 IEEE 802.16 标准定义，每个节点需要保存 2n(n-1) 个通信密钥（新 TEK、旧 TEK），显然"这种方法仅仅适用于网络节点数量较少时，当网络节点数较多时，这种方法不具有实用价值"。根据 mesh 网络通信情况，网内节点通常为获取外部服务或与网外节点通信时只与网关（某 BS）通信，网内节点间的通信对单个节点来说也只涉及部分商量的节点。因此文献 [127] 提出了一种基于 HWMP 路由驱动的 WMN 安全访问机制，其 TEK 密钥交换地设计思路分为两部分：

（1）节点需与邻接节点通信时，则通过 TEK 交换建立与相邻节点的通信密钥。

（2）当需要与未知节点通信，则可以通过网关路由器转发或应用按需（on-demand）模式寻找到目的节点的路由。

文献 [127] 中提到的邻节点间 TEK 交换方法如图 7-10 所示。

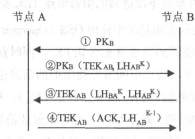

图 7-10　Mesh 模式下相邻节点 TEK 交换流程

在消息①中，节点 B 将自己的公钥 PKB 发送给节点 A。节点 A 使用节点 B 的公钥 PK_B 加密自己生成的 A、B 间的通信密钥 TEK_{AB} 和用于签名的 LH_{AB}^K，如消息②。其中 LH_{AB}^K 是来自于 A 产生的一个包含有 K 个元素单向哈希链的第 K 个元素。即：

$LH_{AB}^i = H(LH_{AB}^{i-1})$；$i \in [1,k]$

节点 B 收到消息②后用自己的公钥 PK_B 解密消息获得 TEK_{AB} 和用于签名的 LH_{AB}^K，然后，产生自己的单向哈希链：$LH_{BA}^i = H(LH_{BA}^{i-1})$；$i \in [1,k]$，取最后一个即第 K 个元素 LH_{BA}^K 和收到的来自 A 的 LH_{AB}^K 使用 TEK_{AB} 加密后发送给 A，如消息③。A 解密后获得 LH_{AB}^k 可以验证此消息是来自于节点 B，同时获得节点 B 的 LH_{BA}^k，接下来在消息④中节点 A 使用 TEK_{AB} 加密确认 ACK 和 LH_{BA}^{k-1} 发送给节点 B，节点 B 解密后获得 LH'_{BA}^{k-1}，并进行 $LH'_{AB}^k = H(LH'_{AB}^{k-1})$ 运算，将得到的 LH'_{AB}^k 与来自节点 B 的 LH_{AB}^K 相比较，如果相等则判定来自于节点 A，接下来即可基于通信密钥 TEK 进行数据交换。

安全分析：由于节点 B 在第一条消息中直接将自己的 PKB 发送给节点 A，由于没有任何保护，非法中间节点（有可能来自于网外）则可以截获该消息，然后冒充 A 发送消息②，而后即可获得 B 的认证通过，即可进行数据通信。考虑到保密的原则，应该要求网外的节点不该获得 B 的公钥。我们可以结合 IEEE 802.16 标准的定义来进行修改，修改后的 TEK 交换流程如图 7-11 所示。

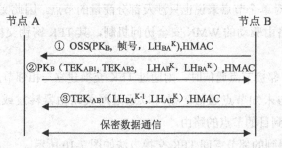

图 7-11　Mesh 模式下改进后的相邻节点 TEK 交换流程

图 7-11 相邻节点 TEK 交换在消息①中使用 OSS（Operator Shared Secret）加密，意味着仅有网内合法节点才能看到节点 B 的公钥 PK_B，同时在消息中携带有帧号和来自节点 B 的 $LH_{BA}{}^k$，这样可以防止中间节点使用旧的信息进行重放攻击。节点 A 收到消息①即可使用 OSS 解密获得 PK_B 和节点 B 的 $LH_{BA}{}^k$。根据 IEEE 802.16 的规定，消息 HMAC 值（或 CMAC 值）基于 OSS 计算可以保证消息的一致性和完整性。当节点 A 通过 HMAC 值验证了①的有效性和一致性后，将产生 TEK_{AB}、$LH_{AB}{}^k$，并使用 PK_B 加密 TEK_{AB1}、TEK_{AB2}、$LH_{AB}{}^k$、$LH_{BA}{}^k$（来自于节点 B 的哈希链元素 k），同时携带有 HMAC 值，如消息②发往节点 B。节点 B 收到后，使用自己的私钥解密消息②，获得 TEK_{AB}、$LH_{AB}{}^k$、$LH_{BA}{}^k$ 并通过 $LH_{BA}{}^k$ 值验证该消息的确来自节点 A，同时通过 HMAC 值验证消息的一致性和完整性。如果消息②一切正常，接下来节点 B 将使用 TEK_{AB} 加密来自 B 的哈希链的第 k-1 个元素 $LH_{BA}{}^{k-1}$，同时加密在消息②中收到的 $LH_{AB}{}^k$，附带上 HMAC 值，在消息③中发出。节点 A 收到消息③后，使用 TEK_{AB} 解密获得 $LH'_{BA}{}^{k-1}$、$LH'_{AB}{}^k$，计算 H（$LH'_{BA}{}^{k-1}$）值，与消息②中收到的 $LH_{BA}{}^k$、$LH_{AB}{}^k$ 比较，如相等，说明该消息是来自于节点 B，并且计算 HMAC 值验证消息的一致和完整性，如果没有问题，接下来双方可以使用 TEK_{AB1} 作为通讯密钥进行数据通信。

根据 IEEE 802.16 Standard 定义，如使用 PKMv2，消息①、②、③可以分别封装在 PKMv2 SA-TEK-Challenge、PKMv2 SA-TEK-Request、PKMv2 SA-TEK-Response

消息中。如使用PKMv3，消息①、②、③使用消息：PKMv3 Key_Agreement-MSG#1、PKMv3 Key_Agreement-MSG#2、PKMv3 Key_Agreement-MSG#3。具体消息内容需根据改进TEK交换方法进行修改。

当涉及与非邻、非BS节点通信时，节点间先通过按需路由算法建立链接，再通过隧道封装，经过多跳完成形如图7-11的TEK交换，即可实现TEK的交换，节点分别为数据交换的节点启动TEK状态机，定时进行TEK的更新。

根据IEEE 802.16标准的定义，初次TEK交换后，在PKMv2中使用节点间的PKMv2 Key Request和PKMv2 Key Reply来实现，即在7-11中忽略消息①，仅通过消息②、③分别封装在PKMv2 Key Request和PKMv2 Key Reply实现TEK交换。同样的，在PKMv3中已建立数据通信的节点间的TEK更新使用PKMv3 TEK-Request和PKMv3 TEK-Reply消息。即在7-11中忽略消息①，仅通过消息②、③分别封装在PKMv3 TEK-Request和PKMv3 TEK-Reply消息。

需注意的是所有时间，节点与某一邻节点间将同时维护两个密钥TEK。这两个密钥的生存周期有一部分叠加，以保证一个TEK到期时另一个TEK正处于活动状态，这样可以保证TEK的无缝转换，如图7-11消息②中一次产生和交换2个TEK：TEKAB1、TEKAB2。

并且对于每个SAID，邻节点应该在活动TEK间转换使用以下规则：

（1）当旧的TEK到期时，邻节点应立刻转换使用新TEK用于加密。

（2）收到TEK交换消息的邻节点，应该使用旧的TEK加密它与发起TEK交换节点间的数据通信。

（3）产生TEK的邻节点（非TEK交换发起方），使用旧的也可以使用新的TEK解密收到的消息。

对于每个SAID，发起节点：

（1）应该使用两个TEK中较新的TEK来加密通信消息（收到它发起的TEK交换的另一方），并且

（2）应该可以使用TEK中任一个解密来自邻节点的消息。

实现了Mesh节点间的邻节点的TEK交换和非邻节点间的按需TEK交换后，Mesh网络中可以基于TEK完成保密数据通信，但是保密数据通信的基础是OSS（Operator Shared Secret）未泄漏，即所有网内节点都是可信的，否则无安全可言。

7.4 本章小结

本章较完整地分析和设计了 Mesh 模式下 IEEE 802.16 网络的新节点入网认证和通信密钥交换流程。

首先通过与 PMP 模式地比较概要性地介绍了 IEEE 802.16 标准 Mesh 模式网络特性。接下来根据 IEEE 802.16 标准的定义描述了 Mesh 模式下新节点入网和同步过程。

在此基础上，结合第二部分对 EAP 认证方法的分析和选取、改进，分别设计了 Mesh 模式下新节点初入网的 EAP_Based 模式 EAP-TTLS-SPEKE 方法和 EAP-Authenticated EAP 模式 EAP-AKAY+EAP-SPEKEY 认证方法，并分别描述了 PKMv2 下两种模式 EAP 方法的认证流程及其安全性。

新节点入网认证成功后为了实现数据通信需要进行 TEK 通信密钥交换，根据新节点需要建立的 TEK 的对象不同，本章接下来给出了新节点与 BS 之间的不同 PKM 版本下的 TEK 交换流程，并设计了一种新节点与相邻节点、非邻节点（非 BS）间基于按需路由驱动的 TEK 交换协议，同时也分别给出了不同 PKM 版本下的 TEK 交换流程。

但需说明：本章所设计的初入网认证和通信密钥交换方法安全性的前提是均需保证 Operator Shared Secret（OSS）密钥未泄漏。

第 8 章 总结和展望

8.1 全书总结

随着移动通信和 Internet 的飞速发展,产生了在任何时间、任何地点都可以享用 Internet 业务的需求。IEEE 802.16 作为一项新兴的无线城域网(WMAN)技术标准,使得移动设备可以通过无线链路接入 Internet,并且可以提供比 IEEE 802.11 接口技术更广覆盖范围、更高传输速率的随时随地访问网络资源的服务。

众所周知,无线网络传输媒体的开放性和移动设备存储资源及计算资源的有限性,使得无线网络不仅会受到有线网络中存在的所有安全威胁,而且许多有线网络中潜在的安全威胁在无线网络环境下也更加明显。因此,IEEE 802.16 系列标准不可避免地面临安全上的巨大挑战。

自从 IEEE 802.16 标准在 2001 年问世以来,该系列新的接口标准不断涌现。目前 IEEE 802.16 标准支持 3 种网络模式: PMP 模式、Mesh 模式、MMR 模式。其中 MMR 模式可以看成是 PMP 模式基础上引入中继多条技术的一种扩充版本。三种模式中 PMP 模式目前应用相对比较早,而 Mesh 模式由于网络结构的复杂性其安全领域在 IEEE 802.16 标准中也需进行进一步地定义和补充。根据不同的网络结构 IEEE 802.16 标准也推出了 PKMv1(固定 PMP)、PKMv2(固定移动 PMP、Mesh 结构)、PKMv3(MMR 结构)三种不同的密钥管理机制。

本书从商业化进程需求的认证机制的进一步标准化出发,在第二部分重点探讨了 PKMv2 下的 PMP 网络模式安全机制中的 EAP 认证方法选取、改进,并进行了改进后的安全分析。在本书的第三部分(扩展部分)针对 Mesh 模式结合 IEEE 802.16

的定义进行了新节点入网认证方法流程、TEK 交换方法的设计与流程描述、安全分析。这些研究对于设备的标准化、安全性、高效性都有着重要的意义。

第二部分主要工作和贡献有：

（1）构建了 PKMv1 认证协议的攻击方法：

为了和 PKMv2 版本的认证协议进行比较分析，本书在第二部分详细论证了 PKMv1 认证协议的安全性，根据已有的安全问题，构建了几种攻击方法，如两种中间人攻击方法等。

（2）对 PKMv2 安全机制的概要介绍：

通过与 PKMv1 的比较分析，对 PKMv2 版本的安全机制进行了总体性的描述。

（3）IEEE 802.16e 中 EAP 认证方法的需求和方法选取：

对 IEEE 802.16e 的 EAP 方法进行了分析和比对，针对 5 种认证模式进行了相应的方法选取。

（4）一种 EAP_based 认证模式下的改进 EAP-TTLS-SPEKEY 方法：

本书在第四章中为单一 EAP（EAP_Based）模式选取了 EAP-TTLS 方法，并提出一种改进的 EAP_SPEKEY 方法。通过对该方法的改进，使得 EAP-TTLS-SPEKEY 可以克服认证协议本身带来的中间人攻击的脆弱性。并详细描述了该种模式设计下的初始化认证流程和密钥产生层次，同时根据常见的攻击方法分析了该种方法的安全性能，通过开销比对，说明了其性能的优越性。

（5）一种 EAP-Authenticated EAP 认证模式下的改进 EAP-AKAY+ 改进的 EAP-SPEKEY 方法

本书在第 4 章中为 PKMv2 EAP-Authenticated EAP 模式下的设备认证和用户认证分别进行了 EAP 方法选取。针对设备认证，提出了一种改进的 EAP-AKAY，该方法能够实现每次认证（重认证）的主密钥更新，并采取加密的随机数传递，在不改变消息交换轮回数基础上，增强了安全性。针对用户认证，采用本书已提出的改进 EAP-SPEKEY 方法，同时详细描述了两种改进方法结合下的初始化认证流程和密钥产生层次。并且根据常见攻击方法分析了该种方法的安全性能。

（6）基于 RSA 认证方法的分析和认证方法设计与选取

本书在第 5 章针对涉及 RSA 的三种认证模式，通过采用第 4 章设计的两种改进方法，分别进行了安全性比对分析和认证流程设计：

- 单一 RSA 认证模式：

详述了该种 PKMv2 RSA 双向认证方法的认证流程，并且通过和 PKMv1 的 RSA 单向认证的对比，进行了安全性分析。

- RSA+Authenticated EAP 认证模式：

针对该种模式下 EAP 认证采用改进 EAP-SPEKEY 方法，详述了该种认证模式下的认证流程和密钥产生层次。根据已有攻击方法，分析了该种认证方法设计的安全性。同时通过与双 EAP 模式认证方法的计算开销比对，论述了该种模式的优缺点。

- RSA+ EAP_based 认证模式：

依据 IEEE 802.16e 标准对 RSA+EAP_based 认证模式的少量说明，探讨了该认证模式的使用方式。由于 RSA 和 EAP_Based 不会在同一认证中使用，EAP_based 认证模式主要发生在 MS 漫游时。因此本书对该种模式采用支持快速重认证/连接的改进 EAP-AKAY 方法，并且详述了入网流程和密钥产生层次。

（7）PKMv2 五种模式下的重认证机制设计与优化。

认证模式的多样性（单一 EAP、单一双向 RSA、EAP+RSA）带来了 AK 产生机制的多样性。其意味着不同认证模式下重认证决定因素不同。本书在第六章围绕重认证机制进行了设计与改进，包括：

- PKMv2 重认证的决定因素：

详细地分析了 IEEE 802.16e PKMv2 中重认证的决定因素。

- 基于认证计数器的 RSA+Authenticated EAP 模式重认证机制设计：

RSA+Authenticated EAP 模式涉及了两种认证协议，相应的 AK 产生机制比较复杂。根据对 RSA+Authenticated EAP 认证模式的重认证因素分析，发现当某种产生密钥如 PAK 或者 PMK 的生存周期设置过长，可能导致某种认证的屏蔽。这里通过在 PAK、PMK 缓存中增加 PAK/PMK_counter 计数器，自动调节密钥生存周期，从而解决可能存在的某种认证方法的屏蔽问题。同时在描述和分析了在该种优化机制基础上，进行相应的 EAP 重认证和 RSA 重认证详细流程说明。最后给出了理想状态的比较性能分析，论证了该种重认证机制设计的优越性。

- 基于 EAP-AKAY 方法的双 EAP 模式快速重认证优化设计：

在基于 EAP_EAP 认证模式下，提出一种基于改进 EAP-AKAY 方法的 AV 向量自适应 K 值选择机制。该选择机制结合 IEEE 802.16e 的 EAP-AKAY 重认证方法，建立了认证总消耗 C（N）模型。通过分析 C（N）随 K 值的变化规律，提出了一种自适应的 K 值选择机制。该自适应的 K 值选择机制和现有方案相比，通过动态 K 值选择实现总认证消耗最小，克服了已有方案仅考虑服务器端认证消耗的局限性。

第三部分的主要工作和贡献：

（1）全面介绍了 Mesh 网络的网络特性；

（2）详细地描述了 Mesh 模式下的节点入网过程；

（3）依据第二部分提出的改进的 EAP 认证方法，结合 Mesh 模式下节点认证流程定义，提出了：

● 基于 EAP_Based 模式下 Mesh 网络初始入网认证方法设计：基于 EAP-TTLS-SPEKE 方法；

● EAP-Authenticated EAP 模式下 Mesh 网络初始入网认证方法设计：EAP-AKAY+EAP-SPEKEY 认证方式。

并分别给出了基于 PKMv2 的新节点入网认证流程，论述了安全性。

（4）分析和设计了 Mesh 模式下新节点的 TEK 交换流程：

● 分析和描述了基于 PKMv1、PKMv2、PKMv3 的新节点与 BS 间的 TEK 交换；

● 设计了一种基于按需路由的新节点与邻节点、非邻节点间的 TEK 交换方法，并分析了其安全性。

8.2 未来研究的展望

无线网络的安全理论与技术是当前非常重要的研究课题，涉及面非常广。IEEE 802.16 系列标准的发展涵盖了多种不同的网络模式，安全机制的标准化进程还不完善。针对 IEEE 802.16e 标准安全机制，需要继续研究的问题可以划分为以下两个方面：

1. 认证协议的未来研究方向

本书对仅对 PMP 结构的 5 种认证模式下单播初始化认证和重认证机制，以及 Mesh 模式单播初始化认证、TEK 交换进行了设计和改进，工作仅仅涉及 MS 在 BS 小区驻留时间内的认证/重认证、TEK 交换。由于无线网络逐渐移动化、高速化、物联化，IEEE 802.16 标准发展趋势具有移动特性，节点在漫游状态时将面临更复杂的认证环境和攻击方法，有关领域的研究工作还需进一步开展。

因此从认证协议方面来看，将来的研究方向可以总结为：

（1）PMP 结构下单播漫游状态的重入网攻击方法构建和认证机制研究；

（2）MMR 结构下单播漫游状态的重入网攻击方法构建和认证机制研究；

（3）满足 WiMAX 网络环境的容错组播密钥协商协议的研究；

（4）WiMAX 无线网络认证过程中具有用户个人隐私保护的（身份、位置等信息的保护）节点认证、TEK 交换方法、小区漫游切换快速认证研究；

（5）研究设计异构网络间，如 WiMAX 网络、LTE 网络等快速切换认证方法研究。

2. 底层密码算法的未来研究方向

底层支持的密码算法是认证协议和数据通信的基础。在 PKMv2 中有多种可选的数据加密算法 DES-CBC、AES-CCM、/AES-CTR、AES-CBC，并且对消息摘要的计算可以采取两种方式 HMAC 和 CMAC，当然 PKMv3 仅使用 AES、CMAC。这些加密算法和消息摘要算法在不同认证模式，不同网络环境下的选择，会直接影响数据通信的安全性和效率。

关于密码学的研究方向，可以放在应用层面来考虑，即：

（1）比较研究不同的加密算法、消息摘要算法在不同网络环境下的效率和安全性；

（2）在不同的网络环境中，保证安全性的前提下，考虑算法的效率，如进行自适应密码套件选择机制的设计与研究；

（3）设计更为安全、高效的 EAP 方法认证；

（4）无线网络的 WPKI（Wireless Privacy Key Infrastructure）的研究和设计。

IEEE 802.16 标准及其安全机制顺应下一代计算机通信网络的发展不断地修订变迁，动态地增添了一些新的内容，使得相应的标准安全研究有很多部分等待着研究人员去继续探索和完善。

这也意味着在 IEEE 802.16 标准的商业化进程中存在着许多的机会，等待着我们中国的科学研究者去把握。

本书对 IEEE 802.16 安全机制进行了认真的探讨和研究，但研究也仅仅是初步的，疏忽和不足之处在所难免，恳请各位专家和老师批评指正，谢谢！

附录 A 简略字表

AES	Advanced Encryption Standard	先进加密标准
AAA	Authentication, Authorization, Accounting	鉴别、授权、计费协议
AK	Authorization Key	授权密钥
AK_SN	Authorization Key Sequence Number	授权密钥序列号
AKA	Authentication and Key Agreement	认证和密钥协商协议
AMF	Authentication Management Field	认证管理域
AUTN	Authentication Note	认证令牌
AV	Authentication Vector	认证向量
BS	Base Station	基站
BWA	Broadband Wireless Access	无线宽带接入
CA	Certificate Authority	证书权威机构
CBC	Cipher Block Chaining	密码分组链接模式
CFB	Cipher FeedBack	密码反馈模式
CHAP	Challenge Handshake Authentication Protocol	质询握手认证协议
CID	Connection ID	链路 ID
CTR	Counter	计数器模式
DES	Data Encryption Standard	IBM 设计的正是数据加密标准
EAP	Extensible Authentication Protocol	扩展认证协议
ECB	Electronic Code Book	电码本模式
EIK	EAP Integrity Key	EAP 一致性密钥
EMSK	Extended Master Session Key	扩展主会话密钥
FA	Full Authentication	全认证
FRA	Fast re-authentication	快速重认证
GSA	Group SA	组安全关联

续表

H/CMAC_PN_D	H/CMAC_Packet Number_Downlink	下行链路消息摘要的数据包号
H/CMAC_PN_U	H/CMAC_Packet Number_Uplink	上行链路消息摘要的数据包号
HMAC	Keyed-Hash Message Authentication Code	带密钥的 Hash 消息验证码
IDEA	International Data Encryption Algorithm	国际数据加密算法
IEEE	The Institute of Electrical and Electronics Engineers	美国电气电子工程师协会
IK	Integrity Key	一致性密钥
IMSI	International Mobile Station Identity	移动用户身份标志
KEK	Key Encryption Key	密钥加密密钥
LEAP	Lightweight Extensible Authentication Protocol	轻量级可扩展认证协议
MBS	Multicast Broadcast Service	多播和组播服务
MBSGSA	MBS Group SA	多播和广播组安全关联
MD5	Message-Digest Algorithm 5	信息-摘要算法
MIM	Man in the Middle	中间人攻击
MS	Mobile Subscriber Station	移动用户站
MSK	Master Session Key	主会话密钥
OFB	Output FeedBack	输出反馈模式
PAP	Password Authentication Protocol	单向口令验证协议
PEAP	Protected EAP	受保护的可扩展认证协议
PKM	Privacy Key Management Protocol	私钥管理协议
PMK	Pairwise Master Session Key	对等对主会话密钥
PMP	Point to Multipoint	点到多点
pre-PAK	Primary Authorization Key	主授权密钥
RSA	Rivest Shamir Adlemen	非对程密钥认证体系
SA	Security Association	安全关联
SAID	Security Association ID	安全关联 ID
SIM	GSM Subscriber Identity Module	GSM 用户身份模块
SPEKE	Simple Password — authenticated Exponential Key Exchange	简单口令指数密钥交换协议
SS	Subscriber Station	用户站
TEK	Traffic Encryption Key	通信加密密钥
TLS	Transport Layer Security	传输层安全协议
TTLS	Tunneled Transport Layer Security	隧道传输层安全协议
WiMAX	Worldwide Interoperability for Microwave Access	全球微波接入互操作性
WMAN	Wireless Metropolitan Area Network	无线城域网

参考文献

[1]The WiMax Forum, http://www.wimaxforum.org/home/.

[2]http://grouper.ieee.org/groups/802/16/.

[3]IEEE 802.16-2001, "IEEE Standard for Local and Metropolitan AreaNetworks-Part 16: Air Interface for Fixed Broadband Wireless Access Systems," April, 2002.

[4]IEEE P802.16a-2003, "Amendment to IEEE Standard for Local and Metropolitan Area Networks-Part 16: Air Interface for Fixed Wireless Access Systems-Medium Access Control Modifications and Additional Physical Layers Specifications for 2-11 GHz", April, 2003.

[5]IEEE 802.16c-2002, "IEEE Standard for Local and metropolitan area networks Part 16: Air Interface for Fixed Broadband Wireless Access Systems-Amendment 1:Detailed System Profiles for 10-66 GHz", January, 2003.

[6] IEEE 802.16-2004, "IEEE standard for Local and Metropolitan Area Networks-Part 16: Air Interface for Fixed Broadband Wireless Access Systems", October, 2004.

[7] IEEE 802.16e-2005, "Air interface for fixed and mobile broadband wireless access system-amendment 2: Physical and medium access control layers for combined fixed and mobile operation in licensed bands", February, 2006.

[8]IEEE 802.16f, "IEEE standard for Local and Metropolitan Area Networks Part 16: Air Interface for Fixed Broadband Wireless Access Systems Management Information Base", December, 2005.

[9] IEEE 802.16g, "IEEE standard for Local and Metropolitan Area Networks-Part 16:

Air Interface for Fixed Broadband Wireless Access Systems-Amendment 3:Management Plane Procedures and Services", December, 2007.

[10]IEEE 802.16h, "IEEE standard for Local and Metropolitan Area Networks-Part 16: Air Interface for Fixed Broadband Wireless Access-Improved Coexistence Mechanisms for License-Exempt Operation", July, 2010.

[11]IEEE 802.16j-2009, "Air interface for broadband wireless access system Amendment 1:Multihop Relay Specification", June, 2009.

[12]IEEE 802.16k-2007, "IEEE Standard for Local and Metropolitan Area Networks Media Access Control (MAC) Bridges Amendment S: Bridging of IEEE 802.16", August, 2007.

[13]IEEE P802.16m/D12, "Air Interface for Broadband Wireless Access Systems (Advanced Air Interface)", February, 2011.

[14]IEEE P802.16n, "IEEE Standard for Local and metropolitan area networks Part16: Air Interface for Broadband Wireless Access Systems Amendment: Higher Reliability Networks", June, 2010.

[15]IEEE P802.16p, "Amendment to Standard for Local and Metropolitan Area Networks-Part 16: Air Interface for Broadband Wireless Access Systems-Enhancements to Support Machine-to-Machine Applications", September, 2010.

[16]IEEE Part 802.16-2009, "IEEE standard for Local and Metropolitan Area Networks 16: Air Interface for Broadband Wireless Access Systems", May, 2009.

[17]J. Sydir, R. Taori, "An evolved cellular system architecture incorporating relay stations", IEEE Communications Magazine, vol. 47, no. 6, pp. 115-121, June, 2009.

[18]S. Peters and R. Heath, "The future of WiMAX: Multihop relaying with IEEE 802.16j", IEEE Communications Magazine, vol. 47, no. 1, pp. 104-111, January, 2009.

[19]Shantanu Pathak, Shagun Batra, Next Generation 4G WiMAX Networks-IEEE 802.16 Standard, Computer Science Conference Proceedings (CSCP), 2012,507-518

[20]Carl Wijting, Klaus Doppler, Kari Kalliojarvi, et al., Key Technologies for IMT-advanced Mobile Communication Systems, Wireless Communications, IEEE, 2009, 16(3):76-85.

[21]I. Papapanagiotou, D. Toumpakaris, J. Lee, et al., A Survey on Next Generation Mobile WiMAX Networks: Objectives, Features and Technical Challenges, IEEE Communications Surveys&Tutorials, 2009, 11(4):3-18.

[22]Morris J. Chang, Zakhia Abichar, Chau-Yun Hsu, WiMAX or LTE: Who Will Lead the Broadband Mobile Internet?, IT Professional, 2010, 12(3):26-32.

[23]Qinghua Li, Guanjie Li, Wookbong Lee, et al., MIMO Techniques in WiMAX and LTE: A Feature Overview, IEEE Communications Magazine, 2010, 48(5):86-92.

[24]Y. Yang, H. Hu, J. Xu, et al., Relay Technologies for WiMAX and LTE-advanced Mobile Systems, Communications Magazine, IEEE, 2009, 47(10): 100-105.

[25]K. Loa, C. C. Wu, S. T. Sheu, et al., IMT-advanced Relay Standards, IEEE Communications Magazine, 2010, 48(8):40-48.

[26]Ekram Hossain, Kin K.Leung, 无线 Mesh 网络架构与协议（易燕等），北京：机械工业出版社，2009, 20-36.

[27]M. J. Lee, J. Zheng, Y. Ko, et al., Emerging Standards for Wireless Mesh Technology, Wireless Communications, IEEE, 2006, 13(2):56-63.

[28]A. Bayan, T. Wan, A Review on WiMAX Multihop Relay Technology for Practical Broadband Wireless Access Network Design, Journal of Convergence Information Technology, 2011, 6(9):363-372.

[29]Peterson, IEEE 802.16mmr-06/007: Definition of Terminology Used in Mobile Multihop Relay, 2006.

[30]郭仲熙，WiMAX 系统 Mesh 模式 MAC 层协议的研究与设计实现，华南理工大学硕士学位论文，2013 年 9 月.

[31]http://baike.baidu.com/link?url=0HF0Z3u8ieOIxnmTaXA_O8SOgh9sUFimrjRpwVnvDM5ICd_5 4rJxkytgzLe0mHdZkweRHI8Nspf-LK1 ycg PsR_.

[32]马建峰，朱建明等，无线局域网安全——方法与技术，机械工业出版社，2005 年 08 月.

[33]National Bureau of Standards. Federal Information Processing Standard Publication 46: Data Encryption Standard (DES)[S]. 1977.

[34]European IST. NESSIE Project[EB/OL], http://www.Cryptonessie.org. 2000, 12-12.

[35]XueJia Lai, Massey, IDEA(International Data Encryption Algorithm), 1990

[36]S Mister, SE Tavares, Cryptanalysis of RC4-like Ciphers, SAC'98, Springer -1998.

[37]Diffie, W., Hellman, M., New Directions in Cryptography, IEEE Trans Inform Theory, 1976, 22, 644- 654.

[38]Diffie,W. , The first Ten Years of Public Key Cryptography, Proceedings of IEEE, 1988, 76 (5) , 560-577.

[39]Desmedt Y, Frankel Y. Threshold cryptosystems. In: Brassard G ed. Advances in Cryptology——CRYPTO'89 Proceedings. Lecture Notes in Computer Science 435. Berlin: Springer Verlag, 1990. 307-315

[40]Miller V S. Use of elliptic curves in cryptography, Advances in Cryptology-CRYPTO'85, pp417-426, Springer-Verlag, 1986.

[41] ITU-T Recommendation X.509(1997) ISO/IEC 9594-8:1997. Information Technology- Open Systems Interconnection- The Directory : Authentication Framework.

[42]D. Dolev, A. C. Yao, "On the security of public-key protocols", Information Transaction Theory, Vol. 2, No. 29, 1983, pp. 198-208.

[43]Arkoudi-Vafea Aikaterini, SECURITY OF IEEE 802.16, A thesis submitted in partial fulfillment of the requirements for the degree of Master of Information and Communication Systems Security, Department of Computer and Systems Science Royal Institute of Technology

[44]李惠忠，陈惠芳，赵问道，IEEE 802.16安全漏洞及其解决方案，现代电信科技，2005-01.

[45]赵志飞，彭志威，杨波，IEEE 802.16规范中的安全机制，电子科技，2005-05.

[46]张九龙，吴蒙，邓广增，802.16及802.16a的安全解决方案，现代通信，2003-07.

[47]王晓娥，WiMAX安全问题初探，甘肃科技，Vol.23 No.2 P.63-65，2007-02

[48]David Johnston, Jesse Walker, "Overview of IEEE 802.16 Security," Jun, 2004, IEEE Computer Society.

[49]L. Blunk and J. Vollbrecht, "PPP Extensible Authentication Protocol (EAP)," RFC 3748, Internet Eng. Task Force, 2004.

[50]Zara Hamid, Shoab A. KhanT, An Augmented Security Protocol for WirelessMAN Mesh Networks, ISCIT 2006.

[51]Petar Djukic, Shahrokh Valaee , 802.16 Mesh Networks, University of Toronto, 12-8, 2006.

[52]Suthida Wattanachai, Security Architecture of the IEEE 802.16 Standard for Mesh Networks, Stock holm University / Royal Institute of Technology, 04-2006.

[53]Damir ˇSarac, Security Mechanisms for IEEE 802.16 based Mesh Networks, Master Thesis, Technische Universit¨at Darmstadt, 30-04-2006.

[54]Yun Zhou, Yuguang Fang, SECURITY OF IEEE 802.16 IN MESH MODE,

Gainesville, Military Communications Conference, 2006. MILCOM 2006, 25-10-2006.

[55] R Housley, Using Advanced Encryption Standard (AES) CCM Mode with IPsec Encapsulating Security Payload (ESP), RFC 4309, 2005-12.

[56] O Letanche, D Stanley, Proposed TGi D1. 9 Clause 8 AES-CTR CBC-MAC (CCM) text, IEEE,1999.

[57] Di Pang, Lin Tian, Jinlong Hu, Jihua Zhou, Jinglin Shi, Overview and Analysis of IEEE 802.16e Security, epress.lib.uts.edu.au/dspace/bitstream/2100/172/1/157_Pang.pdf.

[58] Ender Yuksel, Analysis of the PKMv2 Protocol in IEEE 802.16e-2005 Using Static Analysis, Kongens Lyngby, IMM-THESIS-2007-16.

[59] S. Xu and C.-T. Huang. Attacks on PKM protocols of IEEE 802.16 and its later versions. In Proceedings of 3rd International Symposium on Wireless Communication Systems (ISWCS 2006), Valencia, Spain, 2006.

[60] V. Genc, S. Murphy et al., "IEEE 802.16) relay-based wireless access networks: an overview", IEEE Wireless Communications, vol. 15, no. 5, pp. 56-63, October, 2008.

[61] Y. Lee et al., "Design of hybrid authentication scheme and key distribution for mobile multi-hop relay in IEEE 802.16]", Proc. EATIS'09, 2009.

[62] 付安民，WiMAX 无线网络中的密钥管理协议研究，西安电子科技大学，博士论文。

[63] W. A. Arbaugh, N. Shankar, and Y. C. Wan, "Your 802.11 Network Has No Clothes," Mar. 2001; www. cs .umd. edu/ ~waa/ wireless. pdf.

[64] J Walker, Overview of 802.11 security, Intel Corporation, 2003-03.

[65] D Simon, B Aboba, T Moore, IEEE 802.11 security and 802.1 X, IEEE Document - ieee802.org.

[66] IEEE 802.11: "Wireless LAN Medium Access Control (MAC) and Physical Layer (PHY) Specifications", 1999.

[67] IEEE_ Std 802.11 i-2004, July 2004.

[68] IEEE Std 802.11e ™ -2005, IEEE 3 Park Avenue, New York, NY 10016-5997, USA, 11 November 2005.

[69] FIPS 46-3 Data Encryption Standard (DES), http: // csrc. nist. gov/ publications/ fips/ fips46-3/ fips46-3.pdf.

[70] Madson, C. and N. Dorswamy, The ESP DES-CBC Cipher Algorithm With Explicit IV, RFC 2405, November 1998.

[71]RSA Cryptography Standard, RSA Public Key Cryptography Standard #1 v. 2.0, RSA Laboratories, Oct. 1998, www.rsasecurity.com/rsalabs/pkcs/pkcs-1/.

[72]Yu Ma, Xiuying Cao, "How to Use EAP-TLS Authentication in PWLAN Environment," Dec.14-17, 2003, IEEE Int. Conf. Neural Networks&Signal Processing.

[73]Gaithersburg, MD, FIPS 186-2 Digital Signature Standard (DSS) , http: // csrc. nist. gov /publications /fips /fips186-2/fips186-2.pdf.

[74]J. Vollbrecht, H. Levkowetz, RFC 3748 - Extensible Authentication Protocol (EAP), 2004-06.

[75]Aboba, B., and D. Simon, "PPP EAP TLS Authentication Protocol", RFC 2716, October 1999.

[76]D. Stanley, J. Walker, B. Aboba, RFC 4017 - Extensible Authentication Protocol (EAP) Method Requirements for Wireless LANs, 2005-03.

[77]IEEE Std 802. 11iTM22004 ,Amendment 6 : Medium Access, Control (MAC) Security Enhancements[S] .2004.

[78]Walker J R. IEEE Document 802.11-00/362 Unsafe at Any Key Size: An Analysis of the WEP Encapsulation[S]. 2000.

[79]IEEE Std 802.1x IEEE Standards for Local and Metropolitan Area Network: Port Based Network Access Control[S]. 2001.

[80]Datta, A., He, C., Mitchell, J. C., Roy, A. and Sundararajan, M., 2005. 802.16eNotes, IETF Liasons.

[81]Bodei, C., Buchholtz, M., Degano, P., Nielson, F. and Nielson, H.R., 2003. Automatic validation of protocol narration, Proceedings of the 16th Computer Security Foundations Workshop (CSFW 03), 126-140.

[82]Bodei, C., Buchholtz, M., Degano, P., Nielson, H.R. and Nielson, F., 2004. Static Validation of Security Protocols, Journal of Computer Security, 347-390.

[83]RFC 3579 - RADIUS (Remote Authentication Dial In User Service) Support For Extensible Authentication Protocol (EAP), http://gim.org.pl/rfcs/rfc3579.html.

[84]Eronen, P., Hiller, T. and G. Zorn, "Diameter Extensible Authentication Protocol (EAP) Application", draft-ietf-aaa-eap-03 (work in progress), October 2003.

[85]Puthenkulam, J., "The Compound Authentication Binding Problem", Work in Progress, October 2003.

[86]卿斯汉，安全协议的设计与逻辑分析，软件学报，2003，14（7）．

[87]Abadi-Needleham. Prudent Engineering Practice for Cryptographic Protocols. IEEE Transactions on Software Engineering, 1996, 22(1): 6-15.

[88]刘建伟，无线个人通信网中的保密与认证协议研究[博士论文]，西安：西安电子科技大学。

[89]Andersson, Hakan, Simon Josefsson, Glen Zorn, Dan Simon, and Ashwin Palekar, Protected EAP Protocol (PEAP), IETF draft-osefsson-pppext-eaptls-eap-OS.txt, Sept. 2002, work in progress.

[90]P. Funk, S. Blake-Wilson, EAP Tunneled TLS Authentication protocol version 1, February 2005.

[91]L. Blunk, J. Vollbrecht, PPP Extensible Authentication Protocol (EAP), RFC 2284, March 1998.

[92]Andersson, Hakan, Simon Josefsson, Glen Zorn, Dan Simon, and Ashwin Palekar, Protected EAP Protocol (PEAP), IETF draft-osefsson-pppext-eaptls-eap-OS.txt, Sept. 2002, work in progress.

[93]Interlink Networks, Advantages of EAP–SPEKE over EAP–PEAP for Password Based Authentication, March 2003.

[94]Carli.M., Rosetti.A., Neri.A., Integrated security architecture for WLAN Tele-communications, 2003.ICT 2003.10th International Conference on, 943947 vol.2, March 2003.

[95]Mihir Bellare, Phillip Rogaway, The AuthA Protocol for Password-Based Authenticated Key Exchange, Contribution to IEEE P1363, 2000.03.

[96]J. Salowey, RFC 4816: Extensible Authentication Protocol Method for Global System for Mobile Communications (GSM) Subscriber Identity Modules (EAP-SIM), 2006-01.

[97]Meeting House, EAP SIM, White Paper.

[98]J. Arkko and H. Haverinen, "Extensible Authentication Protocol Method for UMTS Authentication and Key Agreement (EAP-AKA)," Internet Draft, draft-arkko-pppext-eap-aka-15.txt, December 21, 2004, work in progress.

[99]T. Dierks, C. Allen, RFC 2246: The TLS Protocol Version 1.0, 1999-01.

[100]Simpson, W., "PPP Challenge Handshake Authentication Protocol (CHAP)", RFC 1994, August 1996.

[101]B. Lloyd, W. Simpson, RFC 1334 - PPP Authentication Protocols, 1992-10.

[102]Simpson W. PPP challenge handshake authentication protocolCHAP）[S]. Request for Comments:, 1994-1996.

[103]Zorn G.Microsoft PPP CHAP extensions, version 2[S].Request for Comments: 2759, 1999.

[104]Schneier B, Mudge.Cryptanalysis of Microsoft's PPTP authentication extensions （MS-CHAPv2）CA.QRE '99[C]. Springer-Verlag, 1999.192-203.

[105]Eisinger J.Exploiting known security holes in Microsoft's PPTP Authentication Extensions （MS - CHAPv2）[R]. University of Freiburg, 2001.

[106]李焕洲，林宏刚，戴宗坤，陈麟，MS-CHAP鉴别协议安全性分析，四川大学学报（工程科学版），Vol.37 No.6，Nov. 2005.

[107]E. Rescorla, RFC 2631: Diffie-Hellman Key Agreement Method, 1999-06.

[108]陈源源，无线局域网认证方法的研究，合肥工业大学，2004.06.

[109]B. Aboba, J. Wood, Authentication, Authorization and Accounting (AAA) Transport Profile,2003-06.

[110]D. Stanley, J. Walker, B. Aboba, Extensible Authentication Protocol (EAP) Method Requirements for Wireless LANs, 2005-03.

[111]W. Aiello. "Just Fast Keying (JFK)", IETF Draft (work in progress), draft- ietf-ipsec- jfk- 03.txt , April 2002.

[112]B. Aboba, M. Beadles, RFC 2486 - The Network Access Identifier, 1999-01

[113]张胜，徐国爱，胡正名，杨义先，EAP2AKA协议的分析和改进，计算机应用研究 100123695(2005) 0720234203，2005

[114]刘东苏，韦宝典，王新梅，改进的3G认证与密钥分配协议，通信学报，Vol.23 No.5, May 2002

[115]李朔，李方伟，张蓉．利用密钥更新改进的3G认证协议 [J]1，现代电信科技,2005, 6:45-471

[116]Method for Allocating Authorization Key Identifier for wireless portable internet system, International Application Published under the Patent Cooperation Trenty(PCT), WO 2006/137624 A1.

[117]Yi_Bing Lin, Yuan_Kai Chen, Reducing Authentication Signaling Traffic in Third- Generation Mobile Network, IEEE Transactions on wireless communications, VOL.2,NO. 3, MAY 2003.

[118]Ja'afer AL-Saraireh and Sufian Yousef, Authentication Transmission Overhead

Between Entities in Mobile Networks, IJCSNS International Journal of Computer Science and Network Security, VOL.6 No.3B, March 2006.

[119]蒋军，何晨，蒋铃鸽，3 GPP2 无线局域网异构互联的认证信令优化，上海交通大学学报，Vol. 40 No. 1，Jan. 2006.

[120]梁之舜，邓集贤，杨维权，司徒荣，邓永录，概率论及数理统计，中山大学统计科学习，高等教育出版社。

[121]E. J. Watson, Laplace Transforms and Applications. Cambridge, MA:Birkhauserk, 1981.

[122]IMU Prof. Zhang, "lapace transform", http://courseware.imu.edu.cn/ 重点课程 / 理工学院 / 自动控制原理 /cai/3.pdf

[123]Chelebus E, Ludwin W. Is Handoff Traffic Really Poissonian. IEEE ICUPC95, Tokyo, 1995:348-353.

[124][Jedrzychi C,Leung V C M. Probability Distribution of Channel Holding Time in Cellular Telephony Systems. IEEE VTC96. 1996:247-251.

[125]Yuguang Fang. Hyper － Erlang Distribution Model and Its Application in Wireless Mobile Networks. Wireless Networks, Mar 2001, 7:211-219.

[126]ZONOOZI M. M., DASSANAYAKE P., "User mobility modeling and characterization of mobility patterns", IEEE J. Select. Areas Commun., 1997, 15(7), 1239-1252.

[127]Antonio Capone, Giuliana Carello, Ilario Filippini, et al., Routing, Scheduling and Channel Assignment in Wireless Mesh Networks: Optimization Models and Algorithms, Ad Hoc Networks, 2010, 8 (6): 545-563.

[128]宋甲英，基于 IEEE 802.16 的无线 Mesh 网络关键性能与资源调度算法研究：[博士学位论文]，北京交通大学，2012.

[129]Djohara Benyamina, Abdelhakim Hafid, Michel Gendreau, Wireless Mesh Networks Design-A Survey, IEEE Communications Surveys&Tutorials, 2012,14 (2): 299-310.

[130]Mahboubeh Afzali, Vahid Khatibi, Majid Harouni, Connection Availability Analysis in the WiMAX Mesh Networks, The 2nd International Conference on Computer and Automation Engineering (ICCAE), Singapore: IEEE, 2010, 5:699-703.

[131]Neeraj Kumar, Manoj Kumar, R. B. Patel, Capacity and Interference Aware Link Scheduling with Channel Assignment in Wireless Mesh Networks, Journal of Network and

ComputerApplications, 2011, 34(1): 30-38.

[132]Ekram Hossain, Kin K.Leung，无线 Mesh 网络架构与协议（易燕等），北京：机械工业出版社，2009, 20-36.

[133]M. J. Lee, J. Zheng, Y. Ko, et al., Emerging Standards for Wireless Mesh Technology, Wireless Communications, IEEE, 2006, 13(2):56-63.

[134]刘振华，无线 Mesh 网络安全机制研究，中国科学技术大学，博士学位论文，2011 年 5 月。